U0097937

蔬果雕初級大全

附新編中餐丙級必考水花片

楊順龍 著

作者序 —————————

「剎那間的藝術」是我給蔬果雕刻的註腳，因為無法永久保存。

「蔬果雕刻」結合了美學、設計、數理、刀（雕）功等。學習不是一蹴可幾，付出與收獲往往是成正比的，我認為學好果雕第一要件就是要有好的教材及專業師資，有鑑於市場上多數果雕教材均為商業性質，內容多為簡易敘述、圖文短少、步驟不明等，導致初學者無法正確的學習，因而引發挫折感及興趣短缺。

果雕（又稱食品裝飾藝術）在餐飲國度裡是跨領域的魔法師，無論中西餐各大菜系，都有著畫龍點眼的效果。其作用有：一、美化、突出重點菜餚。二、裝飾席面，增加用餐情趣，並烘托愉悦氣氛。三、融入文化，點明宴會主題。四、提升飲食水平，增進檔次效益。

在現今料理無國界、果雕藝術也是無界限，從中式宴會盤飾至西式食品裝飾，都是很重要一環的食品裝飾藝術，但要如何學習及應用，是學習者接下來的課題。為了進一步推廣果雕和能清楚地教導，以自身二十多年豐富果雕實戰歷練，親自操刀、攝影、繪圖，用詳盡的步驟內容及完整的圖片編著此書，讓有心想學好果雕的初學者們，可以正確、輕鬆的學習。

本書內容以初級為主，選取常見、好用、快速易學的簡易造型果雕盤飾為題材，從選材、使用切雕工具，及正確的依「比例公式」操作雕製，有條理地完成制式化果雕作品，作法完全大公開，讓你有刀法可循、駕輕就熟。不論是初學者、在學學生及餐飲職場人員都適合作為學習的教材範本。

楊順龍

2015/7/17

作者經歷 ————————————————————

1998 年 台北中華美食展國際蔬果切雕競賽 個人靜態組 金牌獎

1998 年 台北中華美食展國際蔬果切雕競賽 現場動態組 金牌獎

1999 年 台北中華美食展國際蔬果切雕競賽 個人靜態組 金牌獎

1999 年 台北中華美食展國際蔬果切雕競賽 現場動態組 金鼎獎

2000 年 台北中華美食展國際蔬果切雕競賽 個人靜態組 金牌獎

2000 年 新加坡世界美食 FHA 國際果雕競賽 個人動態組（本屆金牌從缺） 銀牌獎

2002 年 新加坡世界美食 FHA 國際果雕競賽 現場動態組 金牌獎

2002 年 嘉義美食展職業蔬果雕刻 個人展覽組 金廚獎

2003 年 台灣省交通部觀光局 92 年度 優良廚師獎

2003 年 台灣省第一屆鵝肉經典美饌廚藝競賽 現場團體組 金牌獎

2004 年 新加坡世界美食 FHA 國際果雕競賽 現場動態組 金牌獎

2004 年 泰國曼谷 THW 國際美食展果雕競賽 靜態團體組 金牌獎

2004 年 泰國曼谷 THW 國際美食展果雕競賽 個人動態組 金牌獎

2004 年 台灣省交通部觀光局 93 年度 優良廚師獎

2005 年 中國北京第三屆東方美食國際大獎賽 個人食雕競賽 金牌獎

2005 年 中國北京第三屆東方美食國際大獎賽 動態食雕總決賽 金牌獎

2005 年 總成績之冠、優於特金、獲頒中國廚藝最高榮譽獎項 中國食雕總冠軍

2005 年 獲頒 CCTC「當代中國名廚」及「中廚之星」 金廚獎章

2005 年 香港 HOFEX 國際美食大獎職業蔬果雕刻 個人靜態賽 優質超金牌獎

2007 年 台灣省大甲鎮瀾宮第一屆職業蔬果雕刻 個人靜態賽 金牌獎

2007 年 香港 HOFEX 國際美食大獎職業蔬果雕刻 個人靜態賽 優質超金牌獎

2013 年 香港 HOFEX 國際美食大獎職業蔬果雕刻 個人靜態賽 優質超金牌獎

2014 年 盧森堡世界 A 級烹飪大賽 D1 藝術類 最高分金牌獎

2015 年 香港 HOFEX 國際美食大獎職業蔬果雕刻 個人靜態賽 最高分金牌獎

蔬果雕 初級大全
|附新編中餐丙級必考水花片|

作　　者	楊順龍
編　　輯	陳思穎
美術設計	潘大智、侯心苹、閻虹
校　　對	陳思穎、李雯倩、鄭婷尹

發 行 人	程安琪
總 策 畫	程顯灝
總 編 輯	呂增娣
主　　編	李瓊絲、鍾若琦
編　　輯	許雅眉、鄭婷尹、陳思穎、李雯倩
美術總監	潘大智
資深美編	劉旻旻
美　　編	游騰緯、侯心苹、閻虹
行銷企劃	謝儀方、吳孟蓉

發 行 部	侯莉莉
財 務 部	許麗娟
印　　務	許丁財
出 版 者	橘子文化事業有限公司

總 代 理	三友圖書有限公司
地　　址	106 台北市安和路 2 段 213 號 4 樓
電　　話	(02) 2377-4155
傳　　真	(02) 2377-4355
E － mail	service@sanyau.com.tw
郵政劃撥	05844889 三友圖書有限公司

總 經 銷	大和書報圖書股份有限公司
地　　址	新北市新莊區五工五路 2 號
電　　話	(02) 8990-2588
傳　　真	(02) 2299-7900

| 製版印刷 | 鴻嘉彩藝印刷股份有限公司 |

初　　版	2015 年 9 月
定　　價	新臺幣 580 元
I S B N	978-986-364-071-4（平裝）

國家圖書館出版品預行編目 (CIP) 資料

蔬果雕初級大全：附新編中餐丙級必考水花
片 / 楊順龍著 .-- 初版 .-- 臺北市：橘子文
化 . 2015.09 面； 公分
ISBN 978-986-364-071-4(平裝)
1. 蔬果雕切
427.32　　　　　　　　　104016655

目 錄

Chapter1 蔬果切雕基礎概念

Chapter2 基礎切雕技法示範

蔬菜類

根莖類

水果類

瓜類

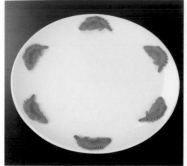

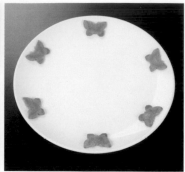

Chapter3 中餐丙級必考水花片

淺談果雕

很多人常問我，如何才能學好果雕？其實不只是學果雕，眾多的學習中，努力付出與收穫都是成正比的，我常說：「熟能生巧。」技藝的功夫，能以不斷的練習累積而增長，「天份」能加快學習的速度，但沒「天份」一樣可以靠後天的努力而齊頭並進。

學好果雕，首重「技法應用」也就是雕刻，這是過程中最為關鍵的重點，只要一個步驟做得不好，其他環節的努力也將功虧一簣，唯有扎實的反覆練習，才能使出嫻熟的雕刻技法。常用的果雕技法可分為：

一、整體雕刻「一體成形」：技法難度最高。

二、零雕整組「黏接成形」：易學、最常使用的雕刻技法。

三、鏤空雕刻「中空」：適用於南瓜、冬瓜、西瓜等類。

四、凹凸雕刻「浮雕」：適用於南瓜、冬瓜、西瓜等類。

五、模具雕刻「定型模具」：簡易好用、快速的造型切雕。

因不同的素材及主題，所選用的技法也不相同，但完成的果雕作品大致可區分為：

一、自然呈現。

二、簡潔線條。

三、卡通造型。

四、寫實化。

每一種都各有特色，只要抓住素材特點表現，有時不需繁複的雕製，就可發揮極致的裝飾藝術效果。

學習果雕是有竅門的，只是很多人不得其門而入，多而半途而廢、未再精進。學好果雕竅門有：

一、一套合用的雕刻刀具。

二、正確的雕刻技法、步驟。

三、掌握素材的質地特性。

四、好的研習教材、資料。

五、勤奮不懈的練習。

綜合掌握五大重點，就可以更輕鬆快樂的學習，如果再加上有優越師資的教導，那麼學習就如虎添翼、事半功倍了。

學前須知

依本書學習範例圖解中，會出現「比例」、「取材」、「等分化」和「正、俯、側視圖」等名詞，須先明白各名詞的意思，才能正確完成切雕的前置作業。同時，須學會看「分解圖」中的圖形線條、座標點與下刀順序，配合「教學照片」的操作，兩者相輔相成，才能清楚無誤的輕鬆學習。

比例

即作品的「長、寬、高」。本書所有課程範例中的「比例」，都是以奇數「1」為基準，如「長3：寬2：高1」此比例就以「高1」為基準，再去延伸換算「長、寬」(圖1)。

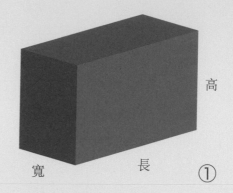

取材

依比例長、寬、高「切取」素材所須的大小。如比例：高為「1」時，所以取材時應先切出「高1」的實際長度，才能換算切取長和寬。

例如課程中比例是「長3：寬2：高1」，那先切取「高度1」如實際得數為3公分，那長3×3等於9公分、寬3×2等於6公分。

又如比例「長1½：寬⅔：高1」，先切取「高度1」假設取得數為6公分，那長6×1½等於9公分、寬6×⅔等於4公分(圖2)。

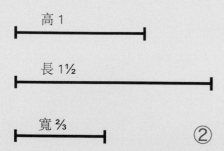

高1

長1½

寬⅔

②

正、俯、側視圖

在分解圖面上，有時會以不同的邊面表達圖解，常用的有A正視、B俯視、C側視、D後視圖，學員須了解現在步驟是在哪一個操作，才不會刻錯方向(圖3)。

等分化

為模擬技法重要的一環，依照「分解圖」上的等分線，可用牙籤、刀痕、畫筆標記出座標、線條輪廓，將素材規格化後，在教與學之間才能雕製、複製相同的作品。

將取材好的素材在不同的邊面上（側邊及上面），依水平、垂直中心線劃分出等分線。以分解圖的等分線為主，如分解圖在側邊及上面分別劃出 8 等分，則在素材上也要一樣劃出 8 等分（圖 4）。把每一格視為一個單位，在右下角一格的對角切開，若有等分線時就可精準的下刀切除。

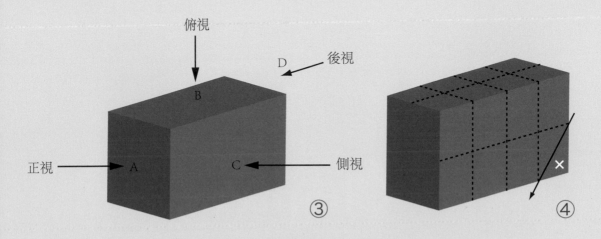

Tips： 在依比例取材時，不一定要將素材切取成「分解圖」直角的矩形，因受限素材大小關係，切直角的矩形時，會造成取材後面積較小（圖 5 的 A）。依同樣比例，在上下面稍切平，把高度提高，側邊不用切成直角，在比例不變下就可以放大面積（圖 6 的 B），易於操作雕製、成品也會大一點。

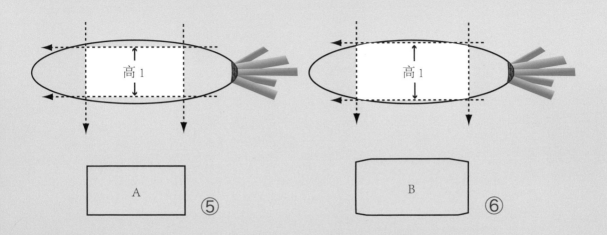

1 Chapter

蔬果切雕基礎概念

果雕素材的種類和挑選

選材

選材料時，既要考慮原料的大小、形狀，也要考慮原料的品種及季節因素，共可分為：因形取材、因色取材、因意取材。

因形取材

有些原料的形狀不太規矩，如蘿蔔、南瓜的彎曲或地瓜的奇形怪狀等，可充分利用特殊形狀雕出一些富有創意的作品來。

因色取材

根據材料本身天然的色澤，依構思造型所需的色彩而選取適應的原料。

因意取材

根據已確定的題意和作品的特點，選擇質地、色澤和造型都符合作品要求的原料。

蔬果種類

一般常用可分成三大類：根莖類、瓜類、水果類。

根莖類

如：紅蘿蔔、白蘿蔔、青蘿蔔、芋頭、地瓜黃肉、紅肉等。

瓜類

如：南瓜、黃瓜、冬瓜、胡瓜等。

水果類

如：西瓜、哈密瓜、鳳梨、柳丁、蘋果等諸多水果。

刀器具介紹

基本必備刀器具

• 西式切刀

用於切割面積範圍較小的素材，刃長 210mm。

• 專業雕刻刀

將素材雕刻出形狀或細部修飾時使用，刃長 100mm。

• 砧板

分為木質、塑膠材質。木質砧板適合切雕生食、蔬果；塑膠砧板：適合切雕水果、熟食。

• 中式片刀

用於切割面積範圍較大的素材，刃長 210mm。

• 專業中圓槽刀

可將素材挖出中等圓孔，或是處理弧度造型，刀長 220mm。

• 專業大圓槽刀

可將素材挖出較大圓孔，或是處理弧度造型，刀長 220mm。

• 專業小圓槽刀

可將素材挖出小圓孔，或是處理弧度造型，刀長 220mm。

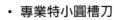

• 專業特小圓槽刀

可將素材挖出較小圓孔，或是處理弧度造型，刀長 220mm。

• 專業 V 型槽刀

此 V 形刀口可以將素材刻出 V 形缺口或是線條，刀長 220mm。

輔助器具

- **夾子（圓頭、尖頭）**
為了黏接細部材料時夾取使用。

- **剪刀**
用於剪斷材料。

- **刨絲器**
可將素材刨出長條絲狀。

- **刨片器（可調式）**
可將素材刨出一片片的形狀。

- **挖球器（小圓、大圓）**
可將素材挖取半圓球果肉。

- **波浪刀**
可將素材切取出波浪外觀形狀。

- **刨皮刀**
用於刨除瓜果的表皮。

常用器具

· 風乾辣椒梗

可作為小動物眼睛黑點。

· 染色素料（紅色七號）

將素材挑染上顏色。

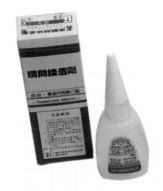

· 瞬間接著劑

（三秒膠、快乾膠）

可以使材料相互黏接組合。

· 噴水槍

噴灑水分在成品表面，利於保溼。

· 竹籤

用於穿插固定住材料。

· 牙籤

用於插孔、標示位置及固定

材料。

模具介紹

· 大小圓模具
將素材快速壓取出模具的大小圓圖案。

· 捲花器
可以快速旋轉出圓形花瓣。

· 壽字模具
將素材快速壓取出模具的壽字圖案。

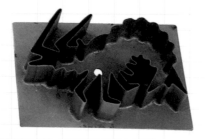

· 小鳥模具
將素材快速壓取出模具的小鳥圖案。

· 龍蝦模具
將素材快速壓取出模具的龍蝦圖案。

- **龍形模具**

將素材快速壓取出模具的龍形圖案。

- **鳳形模具**

將素材快速壓取出模具的鳳形圖案。

- **囍字模具**

將素材快速壓取出模具的囍字圖案。

- **花形、心形波浪模具**

將素材快速壓取出模具的花形、心形波浪圖案。

- **數字模具**

將素材快速壓取出模具的數字 0～9 圖案。

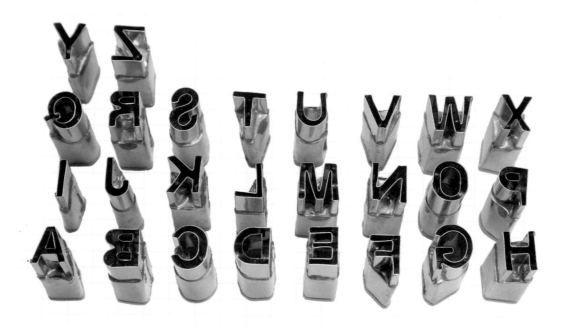

- **英文字母模具**

將素材快速壓取出模具的英文字母 A～Z 圖案。

研磨器具介紹

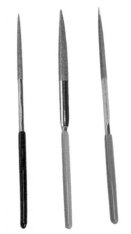

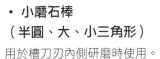

• 小磨石棒
（半圓、大、小三角形）
用於槽刀刃內側研磨時使用。

• 砂輪機
適用於刀口出現嚴重損壞，如不慎掉
落碰撞時修復，須由專業人員操作。

• 鑽石銼刀
（小圓、半圓、三角銼刀）
用於槽刀刃內側研磨時使用。

A   B

• 砂紙
粗細係數在 120 C w ～ 1200 C w 不等，係數
愈大、密度愈細。
A：粗 120 C w，適用於槽刀刃內側研磨。
B：中細 600 C w，適用果雕成品表面沾水細
磨，修飾刀痕。

• 磨刀石
有粗細係數之分，由 400 番～ 3000 番不等，係數愈大、
密度愈細。磨刀石屬親水性，研磨前須先泡水，待吸水
飽和、水面無氣泡，即可進行研磨。
A：細 800 番，適用於刀具的初步研磨。
B：中細 1600 番，適用於刀具的細部研磨。
C：特細 2200 番，可補強鋒利度。

A   B   C

刀具研磨示範

直式研磨法
中式片刀

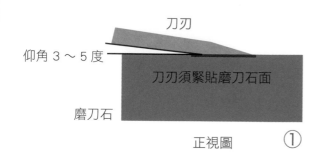

刀刃

仰角 3 ～ 5 度

刀刃須緊貼磨刀石面

磨刀石

正視圖　①

②

③

④

把片刀平放於磨刀石，刀身往上仰角約 3 ～ 5 度，使刀刃緊貼磨刀石面 (1)，左手平均施力壓於刀面 (2)，用前推後拉方式來回研磨，向前推時使力、往後拉時不需用力 (3)。右側刀刃磨好時，再反面研磨左側刀刃 (4)，兩側刀刃須反覆交叉研磨，使力勻稱，才能磨出鋒利的刀刃。

> **Tips**：研磨時，磨刀石下方需墊濕布或置於專用木板架，以防滑動。雙腳微張與肩同寬，上身保持端正，目視刀面，雙手平均施力，規律研磨。磨好刀時，如欲試刀的鋒利度，可用蔬果食材試切。

西式切刀

把切刀平放於磨刀石，刀身往上仰角約
3～5度，使刀刃緊貼磨刀石面(1)，左
手平均施力壓於刀面(5)，採前推後拉
方式來回研磨，向前推時使力、往後拉
時不須用力(6)。右側刀刃磨好時，再
反面研磨左側刀刃(7)，兩側刀刃須反
覆交叉研磨，使力勻稱，才能磨出鋒利
的刀刃。

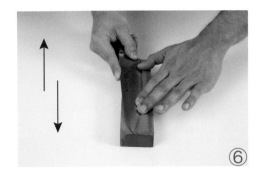

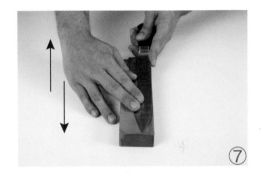

雕刻刀

研磨方式與西式切刀相同，皆採用直式研
磨法，可將雕刻刀放在磨刀石的側邊研磨
(8)，或者放在磨刀石底側研磨(9)，右側
刀刃磨好時，再反面研磨左側刀刃(10)。

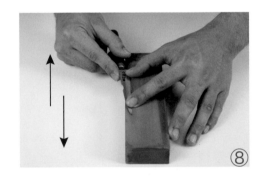

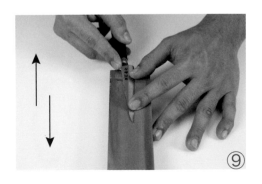

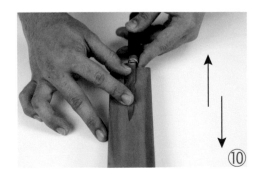

> **Tips：**由於雕刻刀的刀面較窄，研磨時，大姆指（或中指）和食指施力於刀面上，需
> 特別注意手指壓刀的位置，不可以太靠近刀刃，否則會容易割傷手指。

橫式研磨法
中式片刀

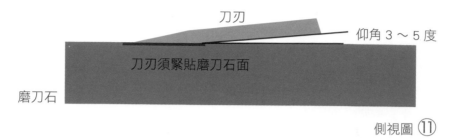

刀刃

仰角 3～5 度

刀刃須緊貼磨刀石面

磨刀石

側視圖 ⑪

把片刀橫放於磨刀石，刀身往上仰角約 3～5 度，使刀刃緊貼磨刀石面 (11)，左右手平均施力壓於刀面，用前推後拉、左右移動方式來回研磨 (12)。向前推時使力、往後拉時不須用力，在前後研磨時、同時向左往刀後跟移動，磨至刀後跟時、再向右移動至刀尖，使整段刀刃都有磨到 (14)，來回反覆研磨。內側刀刃磨好時，再反面研磨外側刀刃 (13)，兩側刀刃須反覆交叉研磨，使力勻稱、才能磨出鋒利的刀刃。

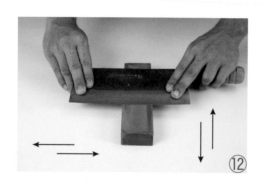

⑫

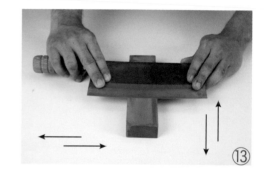

⑬

・刀具的各部名稱
各類刀具的部位名稱，皆相同定義。

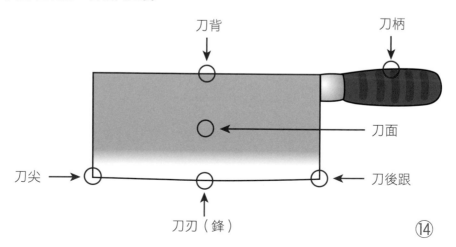

刀背

刀柄

刀面

刀尖

刀後跟

刀刃（鋒）

⑭

外側研磨法

槽刀

槽刀組的外側研磨，可用磨刀石來研磨，由
於槽刀組有半圓形、V形及口徑大小之分，
所以研磨時須注意：

1 研磨半圓槽刀時，須立起磨刀石，以側邊
研磨 (15) 半圓槽刀的外形是呈圓弧狀，研磨
時，會導致磨刀石表面的凹陷，如以平面區
研磨，會造成其他刀具無法研磨，所以須立
起磨刀石，用側邊研磨。

2 不同口徑大小的半圓槽刀，須選擇在固定
的位置研磨 (16 ～ 20) 由於口徑不同，研磨
時所造成磨刀石表面的凹陷大小面積不同，

所以最好在固定的位置研磨，才不會增加磨刀石表面凹陷的範圍，並利於每次研磨。

3 V形槽刀的外側邊為平面，所以可用磨刀石的平面區研磨 (21)。

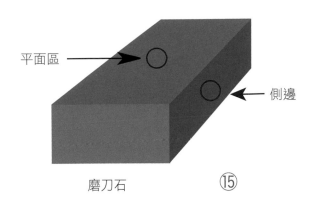

平面區

側邊

磨刀石　⑮

半圓槽刀外側研磨方法

把槽刀仰角 8～12 度，使槽刀刃緊貼磨刀石面 (22)，用前推後拉、並順半圓旋轉來回研磨 (23)，使力勻稱讓整段半圓刀刃都有磨到才會鋒利。

仰角 8～12 度

槽刀刃須緊貼磨刀石面

磨刀石

側視圖 ㉒

㉓

∨ 形槽刀外側研磨方法

把槽刀仰角 8～12 度，使槽刀刃緊貼磨刀石面 (22)，用前推後拉方式來回研磨，向前推時使力、往後拉時不須用力，兩側刀口須反覆交叉研磨，使力勻稱，方能鋒利 (24)。

㉔

內側研磨

槽刀
半圓槽刀內側研磨方法

可用粗砂紙磨刀石棒、鑽石銼刀等工具來輔助研磨。

‧ 粗砂紙

用係數 120 C w 的粗砂紙，取竹筷將砂紙捲起以增加硬度 (25)，由內往外拉出，並順半圓移動研磨 (26)，如口徑較小槽刀，則不用竹筷，直接捲起研磨即可 (27)。

㉕

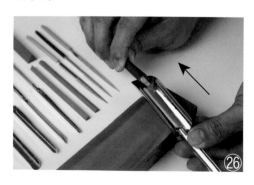

㉖

㉗

• 磨刀石棒

取斜角 15 度 (28) 由內往外拉出，並順半圓移動研磨 (29)。

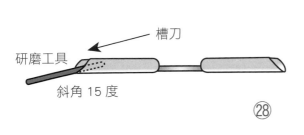

• 鑽石銼刀

半圓銼刀適用於口徑較大的圓槽刀 (30)，小圓銼刀適用於口徑較小的圓槽刀 (31)，研磨方法同上。

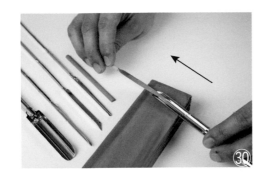

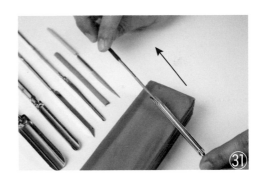

V 形槽刀內側研磨方法

用三角磨刀石棒或三角銼刀，靠緊槽刀內側由內往外拉出研磨 (32)。如無以上的工具，也可利用現有的磨刀石，靠在邊角、上仰 3 度往後拉幾次即可 (33)，內側兩面皆須研磨。注意此方法只能往後拉幾下，因為向前會抵消鋒利度。

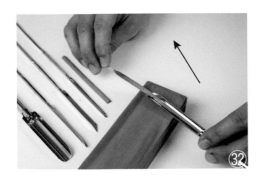

Tips：所有槽刀內側研磨不可過度，否則會抵消外側的鋒利度。

刀具持握示範

中式片刀、西式切刀

將手掌虎口打開，中指、無名指、小指自然握住刀柄，大姆指緊貼刀面左側 (1)，食指微彎緊貼刀面右側 (2)。

Tips：運刀時，手掌、手指正確握刀之外，其餘手腕、手肘、肩膀皆須放鬆。

雕刻刀

・握筆刀法

將刀柄放在虎口處（刀後跟勿碰觸虎口），以大姆指和中指夾住緊貼刀面(3)，食指輕按住刀背(4)，無名指、小指為運刀時的支撐點(5)。

> **Tips：** 拿雕刻刀、槽刀就如拿筆般(6)，以大姆指、食指、中指為運刀時的作用出力點，其餘手腕、手肘、肩膀皆須放鬆，才能靈活用刀喔！

・縱向握法

張開手掌，將刀面（後跟處）放在食指上，刀柄放在中指、無名指、小指之間(7)，握起手掌、大姆指按住刀面(8)。大姆指、食指緊貼刀面，可穩定運刀、也是作用出力點。運刀時，以無名指、小指為支撐點，抵住素材，才能穩定運刀、刻劃出精準線條(9)。

槽刀

・握筆刀法

將槽刀放在虎口處，以大姆指和中指夾住刀面兩側(10)，食指輕按住凹槽上方(11)，以大姆指、食指、中指為運刀時的作用出力點，無名指、小指為支撐點。

・縱向握法

張開手掌，將凹槽底部放置放在食指上，刀柄放在中指、無名指、小指之間(12)，握起手掌、大姆指按住凹槽上面(13)。大姆指、食指緊貼槽刀面，可穩定運刀，也是作用出力點。

・微推握法

將大姆指、食指、中指往上拉、把槽刀上提(14)，再往下推出(15)，反覆練習、可增加手指的柔軟度及運刀的流暢度。

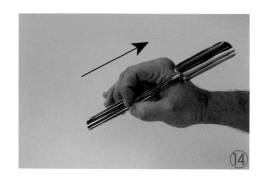

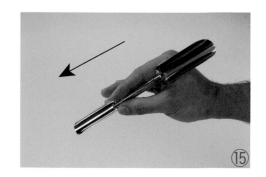

錯誤拿法

中式片刀、西式切刀

手掌虎口只握住刀柄，沒有將大姆指緊貼刀面左側 (16)、食指也沒有微彎緊貼刀面右側 (17)，此握法會運刀不穩、左右偏移，易造成危險。

雕刻刀

只握住刀柄位置，手指沒有緊貼刀面，會左右偏移，不能穩定運刀 (18)。握刀位置太前面，且刀後跟觸及虎口，運刀時會割傷 (19)。運刀時，手部騰空、沒有支撐點，直接下刀，不能精準刻劃線條，也不能穩定操控力道、方向 (20)。

刀具用法示範

線條刻法

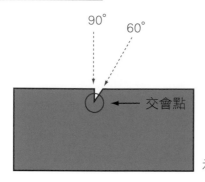
示意圖

90°　60°
←交會點

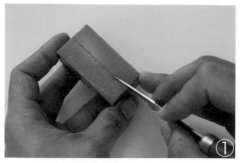
用雕刻刀先刻劃一垂直（90度）直線。①

在側邊刻一斜刀（60度），兩刀須交會，才能切斷。②

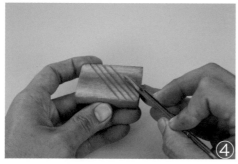
取出果屑，完成線條。③

也可以用Ｖ型槽刀刻出線條。④

Tips： 雕刻刀所刻劃出的線條，可控制粗細、深淺，且線條清晰明顯。Ｖ形槽刀所刻出的線條，粗細、深淺固定，線條比較柔和，但刻劃速度較快。

縱向用法

用雕刻刀常用於切除阻力較大的區塊，處理弧形線條、入彎去角或用鋸刀法修飾時使用。

縱握鑽圓孔(柱)法

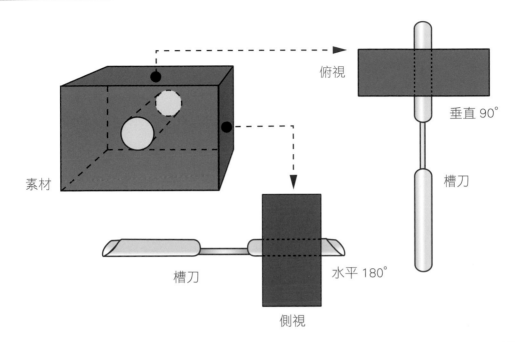

俯視

垂直 90°

槽刀

素材

槽刀

水平 180°

側視

① 先將槽刀口旋入素材繞圓。

② 以手腕力量旋轉、同時向前慢慢推進。

③ 邊旋轉邊直推,至槽刀可以穿過素材。

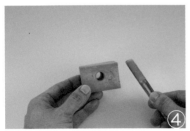

④ 取出圓柱,完成鑽圓孔。

鑽圓時,不能先把槽刀穿過素材再旋轉,這樣一來阻力太大、會鑽不圓,易使槽刀變形。

Tips: 將材料跟槽刀以垂直(90度)、水平(180度)兩邊對稱旋轉直推,可以鑽出前後高度位置對稱的圓孔。

縱握挖圓法

① 將槽刀垂直插入素材，旋轉直下。

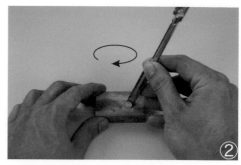

② 把槽刀往外斜，再旋轉繞一圈撬起。

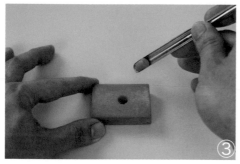

③ 如圖完成表面挖圓。

縱握推進法

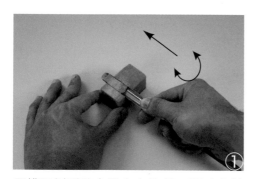

① 用槽刀以手腕力量左右旋轉，同時向前慢慢推進。

② 如圖完成推進。

> **Tips**：「縱握推進法」適用在前置作業雛形雕刻，處理較大阻力、去除素材大面積圓弧度時使用。

握筆微推法

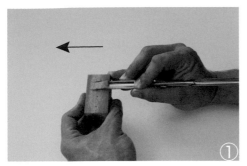

① 用槽刀以握筆法持刀，用大姆指、食指、中指為施力點，往前推進。

② 直推過素材，即完成半圓弧凹槽。

> **Tips：**「握筆微推法」為雕刻時，槽刀所常用的持刀方式，適用在各圓弧、過彎、細紋、鱗片、羽毛、花瓣、線條、層次等雕刻。

花瓣刻法

順著素材表面角度推進，上薄下厚即可。

V 型槽刀微推法

以握筆法持刀，用大姆指、食指、中指為施力點，往前推進，即可刻出線條。

階梯層次刻法

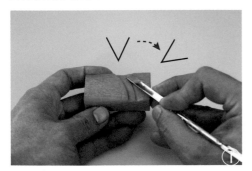

① 以握筆法持刀，將 V 形槽刀角度側傾呈 L 狀，向前推進。

② 如圖依序刻出，即呈現階梯層次。

鱗片刻法

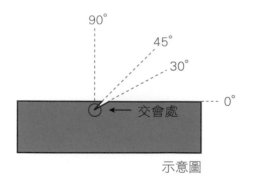

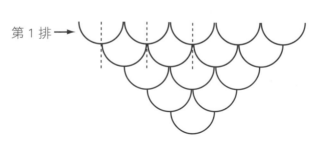

第 1 排 →

槽刀以斜角 45 度下刀推進。

①

第 2 刀由後方留一間隙、以斜角 30 度推進，與第 1 刀交會。

②

往後拉出，即可完成。

③

Tips： 雕刻鱗片時須注意排列順序，先刻出第 1 排鱗片，鱗片與鱗片中間為第 2 排鱗片下刀位置，依此類推。

模具用法示範

用西式切刀把紅蘿蔔蒂頭切除。

將模具靠在平切面上。

用力將模具壓入紅蘿蔔內。

接著把模具拔出，紅蘿蔔就會有模具的圖案。

切出片狀，厚度約 0.3 公分。

將多餘的紅蘿蔔拔除，即完成。

刀器具保養

雕刻刀器具使用完畢時,可用乾布或餐巾紙擦拭乾淨,不可殘留水分、果屑,保持乾燥,以免生鏽。

磨刀石經使用後,會造成表面凹陷不平的磨痕,可用係數較粗的磨刀石將它表面磨平,方便其他刀具的研磨並延長磨刀石壽命。

雕刻刀、槽刀使用時,應避免掉落或刀尖直接碰觸桌面,導致刀尖刃損壞,而影響操作。

> **Tips:** 雕刻刀、槽刀如不慎掉落,導致刀口損壞,可用砂輪機研磨修復,但須由專業人員操作。

果雕作品保存方法

完成精心雕琢的果雕作品後,需了解素材的質地特性及正確的保存方法,才能保持素材的鮮度、色澤,延長作品的生命週期及雕製工時、增加重複使用的次數,以達最高的經濟效益。因雕刻素材的種類不同,所以保存方法、期限也不同,一般果雕的保存方法可分為:溼裹冷藏、泡水冷藏。

溼裹冷藏(乾冰法)

適用素材

水果類、瓜果類、蔬菜類、果雕半成品(在雕製期間,如因時間關係須暫時中斷雕刻,為防止作品表面失水、質地軟化,可用「乾冰法」保存。如長時間中斷雕刻,則需以「溼冰法」保存)。

使用方法

把果雕作品先浸泡清水中約 5 ～ 10 分鐘，再放入已鋪好濕布的保鮮盒 (1)，蓋上濕布 (溼紙巾) 包裹 (2)，再用水槍將其噴溼 (3)，蓋上盒蓋放入冰箱冷藏即可 (4)。

Tips：1 切雕後素材顏色會褐變的蔬果類，如蘋果、茄子等，可先浸泡鹽水或酸性水中 (加入少許檸檬汁或白醋) 約 3 ～ 5 分鐘，可延緩褐變的時間。

2 如雕刻作品須以泡水後才會呈現捲曲外翻變形，當達到預期的形狀效果時，即須取出並以「乾冰法」保存，以防過度變形。

泡水冷藏（溼冰法）

適用素材

根莖類廣用的保存方法。

使用方法

1 將容器裝水，水的高度以能全部浸泡果雕作品為主，再把果雕作品放入水中，加蓋或封上保鮮膜後，再放至冰箱冷藏即可 (5)。此法適用所有根莖類作品的保存。

2 保存期間約每隔 7 ～ 10 天更換一次水，才可延長保存期限。

Tips： 換水時，須在新調製好的水中加入冰塊，讓舊水與新水的溫度一致，因作品會熱漲冷縮，所以要以冰換冰，對果雕作品的保存會比較好。

2

Chapter

基礎切雕技法示範

蔬菜類

運用辣椒、茄子、甘藍菜、娃娃菜、青江菜，
雕刻出片片花瓣，以及不同樣貌的花朵，像
是太陽花、油菜菊、玫瑰花等等，其細緻度
有如真的花朵一樣美麗動人。

小花套餐盤飾

▶**材料**

辣椒 2 條
茄子 ⅛ 條

▶**盤飾材料**

綠捲鬚生菜 1 株
紅蘿蔔絲少許

▶**工具**

西式切刀
雕刻刀
大圓槽刀
小圓槽刀
牙籤

Tips：切開的茄子與空氣接觸一段時間後，表面會產生氧化作用，變為褐黑色，所以此盤飾不宜太早準備。

作法

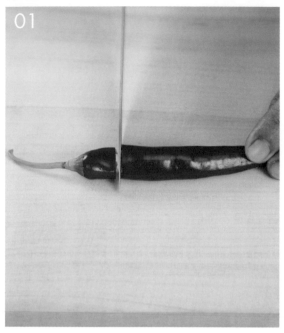

01

用西式切刀切取辣椒頭段約 1.5 公分。

02

在鄰近辣椒梗的位置插上 5 支牙籤，分成 5 等分，且間隔須等距。

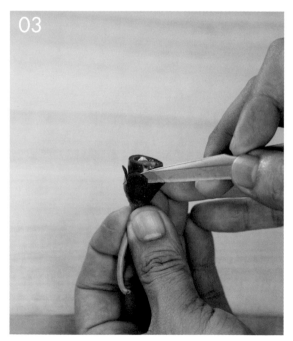

03

從牙籤與牙籤的中間處下刀，雕刻刀尖平貼於辣椒表皮，由上往下切開表皮至辣椒壁，見到辣椒籽時停刀，依序切開 5 片。

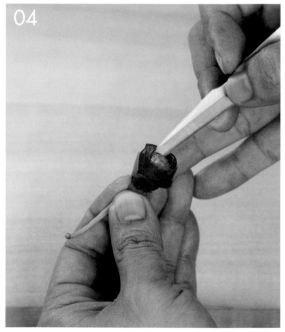

04

用雕刻刀將辣椒表皮切開，把辣椒壁與辣椒籽之間劃一圈割開。

如圖即可把辣椒壁取出，接著泡在水裡約 5 分鐘，待作品外翻成形，便可組合盤飾。重複上述作法，雕刻另一條辣椒。

切取一段茄子，長約 4 ～ 5 公分。

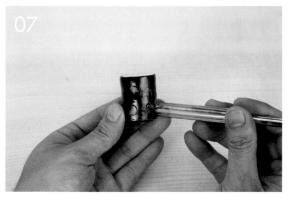

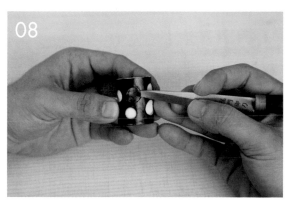

用 2 種不同大小的圓槽刀在茄子表皮上劃數個圓圈。

在圓圈上，用雕刻刀尖切開茄子皮。

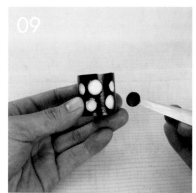

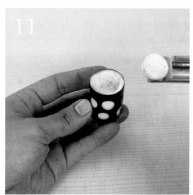

如圖把茄子皮取下。

用大圓槽刀在中間旋轉一圈繞圓，接著把槽刀角度往外斜，再旋轉繞一圈。

把茄子中間的白色果肉取出，即可進行盤飾組裝。

向陽花盤飾

▶**材 料**

辣椒 2 條
檸檬 1 顆

▶**盤飾材料**

紅生菜適量
小麥適量

▶**工 具**

西式切刀
雕刻刀
大圓槽刀
小圓槽刀
牙籤

Tips：若需要變換顏色做搭配的話，可以把檸檬換成香吉士喔！

作法

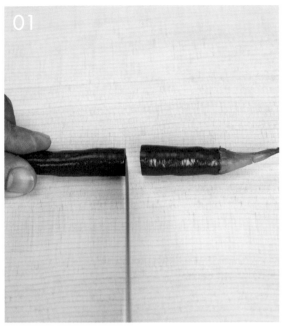

用西式切刀切取辣椒頭段，長約 4 公分。

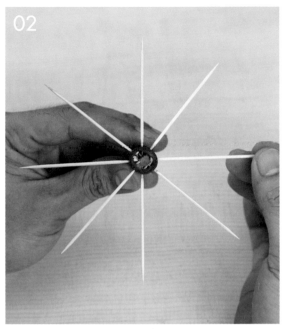

用牙籤在辣椒的切面分成 8 等分，如同米字形，間隔等距。

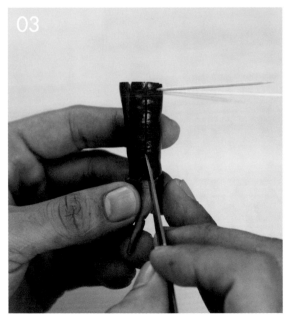

在插入牙籤的位置，用雕刻刀由上往下切開至高度的 $\frac{4}{5}$ 處停刀，依序切 8 刀。

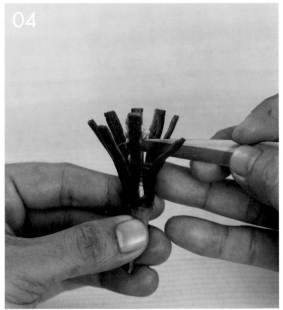

再把跟辣椒籽的連接處，用雕刻刀切開。

用大拇指跟食指把辣椒皮稍微外翻。

放入水中，讓辣椒表皮外翻成形即可。重複上述作法，雕刻另一條辣椒。

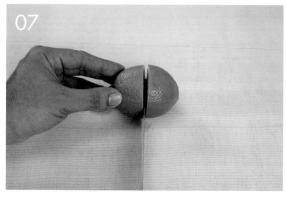

取一顆檸檬，對半切開。

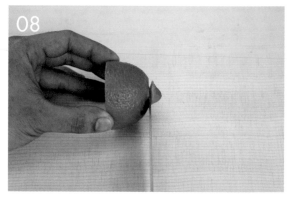

把一端的尖頭處切除掉，可使檸檬可以平穩立起。

用雕刻刀在果肉的地方，用斜平角度繞劃一圈。

取出果肉。

在表皮介於果肉中間的白色處，用大圓槽刀慢慢地把果肉向上挑起至中間。

繞完一圈後，可把果肉完全乾淨的取出。

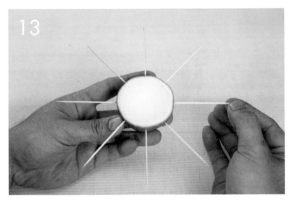

用牙籤把檸檬分成 8 等分，如同米字形、間隔須等距。

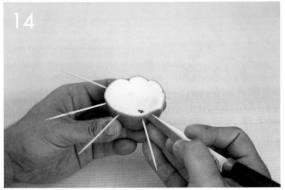

在每支牙籤左右兩邊，往下劃一刀，並修飾成弧形，如波浪狀。

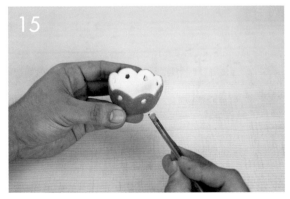

在凸起處的下方，用小圓槽刀挖洞，增添外形的美觀度。

圖為完成的簡易花籃容器，再把辣椒向陽花裝入組合即可。

太陽花盤飾

▶**材 料**　▶**盤飾材料**

辣椒 2 條　　紅生菜適量

　　　　　　檸檬 1 顆

▶**工 具**　　蝦夷蔥 5 支

西式切刀

雕刻刀

牙籤

Tips：在辣椒泡水之前，
先將辣椒皮向外翻，可以
加快皮外翻的速度。

作法

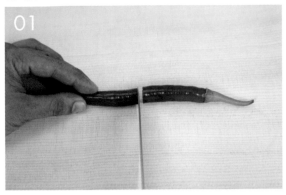

用西式切刀切取辣椒頭段，長約 5 公分。

在辣椒的切面插入 5 支牙籤，分成 5 等分，間隔須等距。

在鄰近辣椒梗的位置需插入 5 支牙籤，插入位置以切面上每 2 支牙籤間距的中心點為基準。

圖為從正上方俯視牙籤的對照位置。

把上、下牙籤的點連接起來，並用雕刻刀切劃。

再把切下來的辣椒皮拔除。

用雕刻刀把辣椒皮、籽的連接處切劃開。

用大拇指跟食指把辣椒皮稍微向外翻，再泡水成形。重複上述作法，雕刻另一條辣椒，即可進行盤飾。

鱗片花盤飾

▶材料

辣椒 2 條

▶工具

西式切刀
雕刻刀

▶盤飾材料

檸檬 1 顆
紅蘿蔔絲少許

Tips：雙手接觸辣椒時，切
忌再去揉搓眼睛，如不慎碰
觸且產生灼熱感時，請盡快
用清水沖洗乾淨即可。

作法

在離辣椒梗約 1.5 公分處的位置,用雕刻刀切開表皮,且不可割破內層,再從對面位置切開表皮。此造型以前後左右的對稱方式,向上堆疊成形。

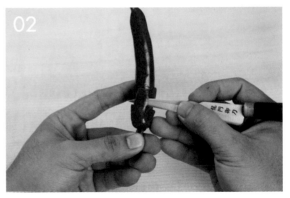

將辣椒向左旋轉 90 度,並從作法 1 的下刀處再提高 1.5 公分切開表皮,所以第 2 層的下刀高度為 3 公分,依此類推。

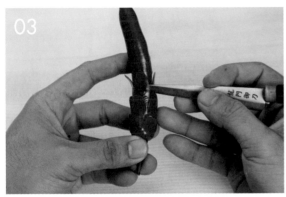

以兩兩對稱方式,向上切片。

注意不可割破內層,且切開的表皮要有 1.5 公分。

刻到 7 ～ 8 公分時,用西式切刀切斷。

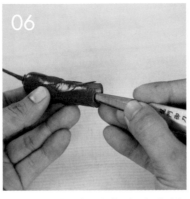

再用雕刻刀把辣椒表皮與辣椒籽之間劃一圈。

取出皮後,泡水等辣椒切開的表皮向外翻捲成形。重複上述作法,雕刻完另一條辣椒,即可進行盤飾。

鱗片花盤飾

►材料

辣椒 2 條

►工具

雕刻刀

►盤飾材料

巴西里適量
白蘿蔔 1 塊
秋葵花 3 朵
龍眼枝幹 1 根

作法

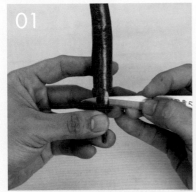

在離辣椒梗約 1.5 公分處的位置，用雕刻刀切開表皮，且不可割破內層，再對面位置切開表皮。此造型以前後左右的對稱方式，向上堆疊成形。

將辣椒向左旋轉 90 度，並從作法 1 的下刀處再提高 1.5 公分切開表皮，所以第 2 層的下刀高度為 3 公分，依此類推。

以兩兩對稱方式，向上切片。

注意不可割破內層，且切開的表皮長度要有 1.5 公分。

把整支辣椒切開表皮，向上堆疊切片，泡水成形後，依所需長度做切割擺盤。

操作過程中，如果辣椒變軟不好下刀時，可以稍泡水後再行切割。重複上述作法，雕刻完另一條辣椒，即可進行盤飾。

小章魚盤飾

▶**材料**

辣椒 1 條
柳丁 1 顆

▶**盤飾材料**

巴西里適量
紅蘿蔔絲適量
紫萵苣絲適量

▶**工具**

西式切刀
雕刻刀
小圓槽刀
牙籤

Tips：關於小章魚的選材，要挑選直胖形的
辣椒會比較合適，另外章魚腳一定要泡水至
向上捲起，弧度要大才夠可愛。

作 法

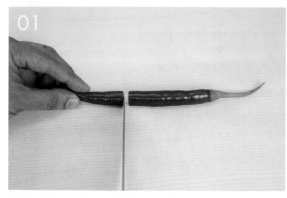

用西式切刀切取辣椒頭段約 8 ～ 9 公分。

在辣椒切面的一端，用牙籤平均分成 8 等分，如同米字形。

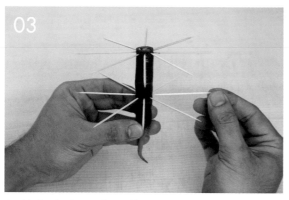

把辣椒高度分成 3 等分，在下面的 ⅓ 處，插入 8 支牙籤。

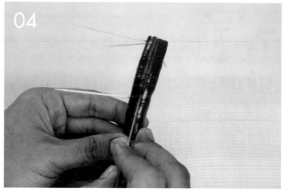

用雕刻刀從上面的牙籤處，下直刀劃至下面的牙籤處停刀。

依序切割 8 等分，並把辣椒籽的連接處割開。

將辣椒籽去除。

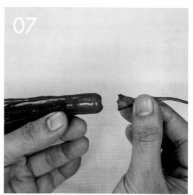

把辣椒梗完整的切開再拔除，不可使辣椒表皮破損。

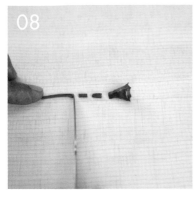

把辣椒梗切成 3 等分，右邊
大的當嘴巴，中間 2 小段當
眼睛。

用牙籤在上方兩側插孔。

再把辣椒梗段塞入孔內，當
作眼睛。

如果要讓眼睛再生動一點，
可以取柳丁，再用小圓槽刀
鑽圓。

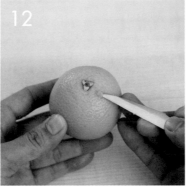

再用雕刻刀切薄片取下。

用牙籤在柳丁薄片中間插
孔，再裝上辣椒梗段。

先在嘴巴內側裝上小牙籤
段，接著再插入兩眼中間的
下方。

圖為完成小章魚。

最後把成品泡入水中，待約
15 分鐘，讓章魚腳向上捲
起，即可進行盤飾。

秋葵花盤飾

▶材料

秋葵 2 條
辣椒 2 條

▶工具

西式切刀
雕刻刀
小圓槽刀
牙籤

▶盤飾材料

玉米筍 1 條
紅蘿蔔絲適量
牛蒡 1 小段

Tips：此造型是由辣椒太陽花變化而來，可因應菜餚色澤而搭配選擇盤飾作品所需的顏色，素材本身是可以靈活變化的。

作法

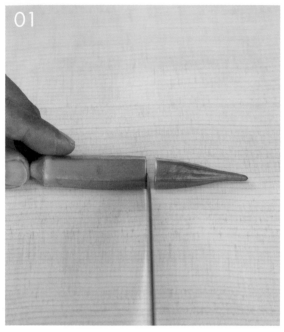

用西式切刀切取秋葵頭段約 5 ～ 6 公分。

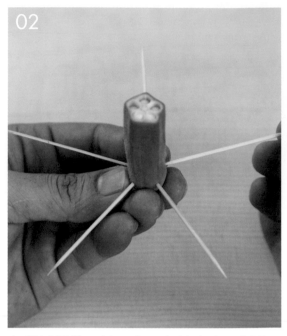

在鄰近梗的一端，在 5 個邊角上，插入 5 支牙籤。

在切面的一端，插入 5 支牙籤，插入位置以下方每 2 支牙籤間距的中心點為基準。

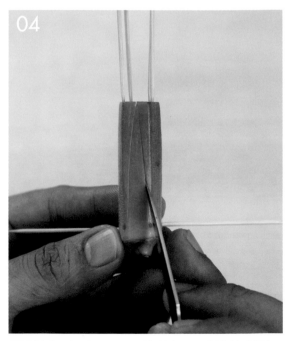

用雕刻刀把上、下牙籤的插入點連接劃線，呈現 5 個尖角狀。

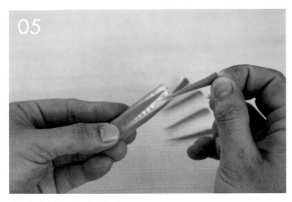

把多餘的表皮取出。

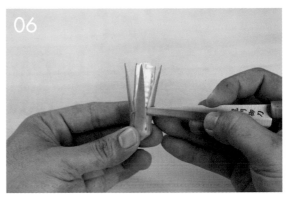

把籽連接的皮用雕刻刀切開。

用大姆指跟食指把皮稍微向外翻。

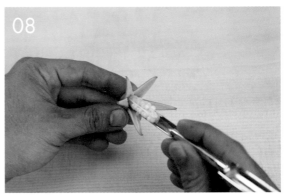

用小圓槽刀把籽挖出,即可先泡水使表皮外翻。

另切取紅辣椒末端的尖頭,備用。

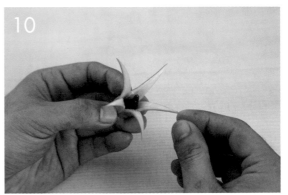

再把辣椒尖塞入秋葵中,重複上述作法,雕刻完另一條秋葵,即可進行盤飾。

▶材料
秋葵 2 根

▶工具
西式切刀
雕刻刀
中圓槽刀

▶盤飾材料
辣椒尖 2 個
紅蘿蔔絲適量
杏鮑菇 1 小段
鴻喜菇 2 朵
綠豆籽 2 粒

作法

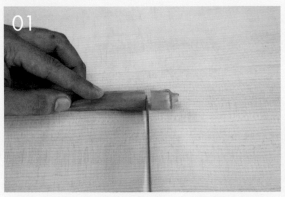

用西式切刀切取秋葵頭段約 1.5 公分。

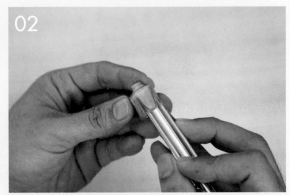

在每一個邊上用中圓槽刀推刻出 U 形葉片。

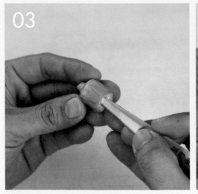

用雕刻刀在中間繞一圈。

把中間的皮取出。

再泡水將表皮外翻成形，重複上述作法，雕刻完另一條秋葵，即可進行盤飾。

茄子花盤飾

▶ **材料**

茄子 1 條

▶ **工具**

西式切刀
雕刻刀
牙籤

▶ **盤飾材料**

柳丁 8 片
辣椒小花 1 朵
秋葵花 1 朵

Tips：茄子花為最常見的茄子盤飾，可分為直立式或斜立式兩種方式呈現。

作法

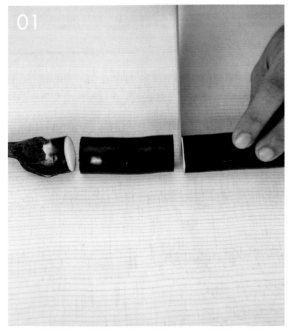

用西式切刀切取出茄子一段，長約 7 ～ 8 公分。

也可用斜切的方式。

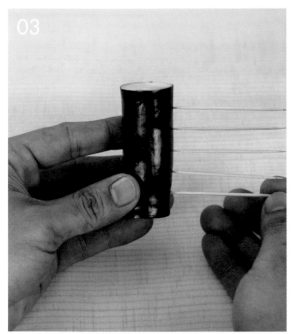

把高度分成 6 等分，並插上 5 支牙籤。

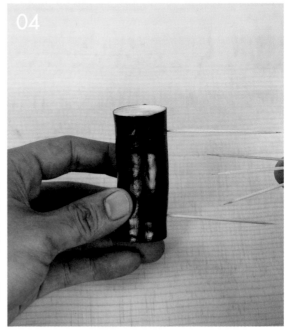

取上、下端⅙高度位置，所以保留此兩端的牙籤，其餘皆拔除。

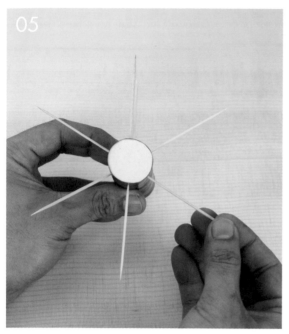

05

以上端牙籤的高度為基準，再插入 5 支牙籤，分成 6 等分，間隔須等距。

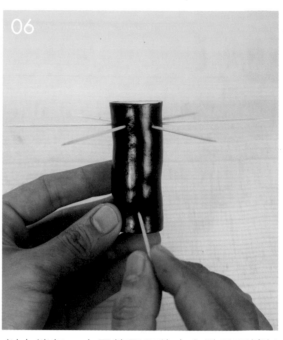

06

以上端每 2 支牙籤間距的中心點及下端⅙高度位置為基準，插入牙籤。

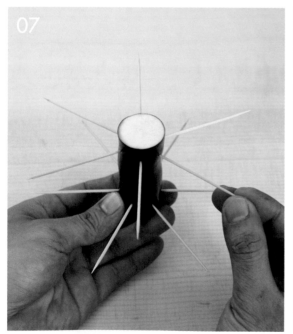

07

圖為下端對照上端每 2 支牙籤的中心點，再插入 5 支牙籤。此時兩端各有 6 支牙籤的座標點。

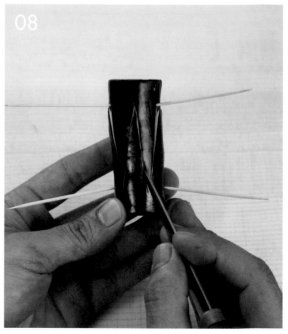

08

用雕刻刀把兩端的牙籤點連接，切開。

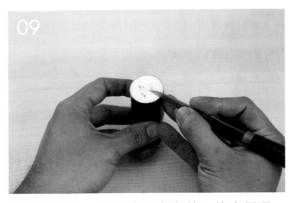

連接切割時，下刀的深度為茄子的半徑深。

完成所有牙籤點連接時，即可上下分離。

為方便後續切割，可將茄子泡水約 3 ～ 5
分鐘，讓質地變硬。

用雕刻刀由上往下切開表皮，厚度約 0.2
公分。

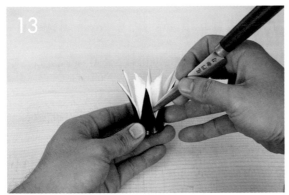

以上薄下厚的刀法切開，表皮外翻的角度
會更持久。

用大拇指及食指把表皮稍微向外翻後再泡
水，可縮短表皮外翻的時間。完成後，即
可進行盤飾。

茄子花盤飾 A

▶材料	▶工具	▶盤飾材料
茄子 1 條	西式切刀	秋葵 1 條
	雕刻刀	辣椒片適量
	牙籤	紅蘿蔔絲適量

> Tips：在盤飾時，可用不同素材的顏色做搭配，這樣色彩會比較搶眼。

作法

用西式切刀切取茄子，長約 7 ～ 8 公分，用牙籤標出等分，再以雕刻刀切劃將牙籤點連接起來，即可分離（可參考 P70 作法 1 ～ 10）。

將茄子泡水約 3 ～ 5 分鐘，讓質地變硬後，再進行切雕。

在 V 形葉片內，再劃個小 V。

以上薄下厚的刀法，來切開表皮。

用大拇指及食指把表皮稍微向外翻後，再泡水成形，即可進行盤飾。

延伸變化
茄子花盤飾 B

▶**材料**
茄子 1 條

▶**工具**
西式切刀
雕刻刀
牙籤

▶**盤飾材料**
秋葵 1 條
柳丁片適量

Tips：完成作法 6 後才能泡水，不可以泡水後，再折第 2 層，會斷裂。

作法

用西式切刀取茄子一段長約 7 ～ 8 公分後，用牙籤標出等分，再用雕刻刀切劃將牙籤點連接，即可分離（可參考 P70 作法 1 ～ 10）。

將茄子泡水約 3 ～ 5 分鐘。

用雕刻刀由上往下切開表皮，厚度約 0.2 公分。

完成後，如圖以同樣刀法，再往內部切開一層。

把第 2 層往內摺起。

完成作品後，泡水即可進行盤飾。

茄子花盤飾 C

▶材料

茄子 1 條

▶工具

西式切刀
雕刻刀
牙籤

▶盤飾材料

秋葵 1 條
柳丁片適量
辣椒 1 條

Tips：中間的空隙也可用別的素材代替，如紅櫻桃、桑椹、葡萄等。

作法

用西式切刀取茄子一段長約 7～8 公分後，用牙籤標出等分，再用雕刻刀切劃將牙籤點連接，即可分離（可參考 P70 作法 1～10）。

將茄子泡水約 3～5 分鐘。

完成後，在表皮左右兩邊各切出 V 型缺口。

用雕刻刀由上往下片開表皮，平均厚度約 0.2 公分。

以同樣刀法，再往內部切開兩層。

把中間的白色果肉切除，擺盤時可在中間放入辣椒尖，加強顏色的層次。

茄子立花盤飾

▶材料

茄子 1 條

▶工具

西式切刀
雕刻刀
牙籤

▶盤飾材料

巴西里適量
秋葵 1 段
紅蘿蔔絲適量

Tips：在泡水時，有時會在水裡加入白醋或檸檬，可以減緩顏色褐變的時間。

作 法

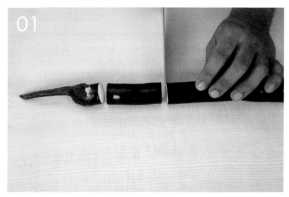

用西式切刀切取出茄子一段，長約 7 ～ 8 公分。

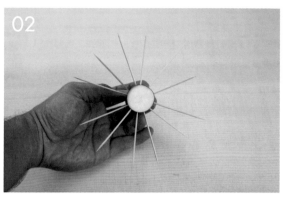

兩端上下⅙處插入牙籤做標示後（可參考 P70 作法 3 ～ 7），由上往下看，如同時鐘的 12 小時座標。

用雕刻刀把兩端的牙籤點連接，割劃出線條，如 VVV 狀，注意用刀尖輕輕切開表皮即可，不要劃得太深。

用雕刻刀依序切開表皮。

切片時厚薄度要一致，並要注意不要割到旁邊的表皮，完成時便可泡水外翻成形。

在作法 3 時，可在 V 形內再劃個小 V，使造型更加花俏。

用雕刻刀，依序切開所有的表皮。

下刀時，要更小心尖端的地方，不可切斷。完成時，便可泡水外翻成形，即可進行盤飾。

玫瑰甜椒盅盤飾

▶材 料
茄子頭段 3 條
紅甜椒 1 顆

▶盤飾材料
小黃瓜片適量
細蘆筍 3 支

▶工 具
西式切刀
雕刻刀
小圓槽刀
牙籤
剪刀

Tips：把一般會切除的茄子
頭段拿來做盤飾變化，創造
出不浪費、再利用的經濟價
值，也是另一種創意及樂趣。

作法

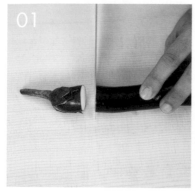

用西式切刀切取茄子頭段，約 3 公分。

在頭段底部用牙籤平分成 5 等分。

牙籤與牙籤中心點為下刀位置，用雕刻刀由上薄下厚的方式切開表皮作為第 1 層花瓣，共 5 片。

用雕刻刀以垂直 90 度下刀旋轉繞一圈，注意不可以割到作法 3 的花瓣。

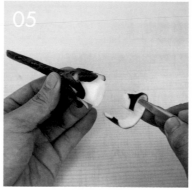

把皮取下，如果不能順利取出，請重複作法 3、4。

第 2 層花瓣下刀位置，為第 1 層兩片表皮中心點的距離，同作法 3 的下刀方式。

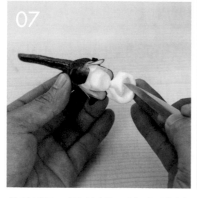

修出第 3 層花瓣，注意雕刻刀角度須稍向內倒，大約為 110 度。

同作法 6，把第 3 層花瓣刻出來。

依序刻至內層，把白色果肉取出。

最內層可刻出對角線條作為花心結尾。

完成作品，花瓣層次約 4～5 層，並泡水備用，重複上述作法，雕刻完其餘的茄子。

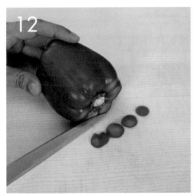

取紅甜椒將蒂頭切除，及凸起處切一刀，使其可以平穩直立。

在另一端，約⅙處切一刀開口出來。

用牙籤分成 5 等分，再修出高低波浪狀。

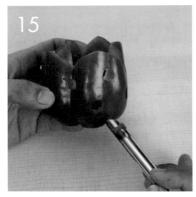

用小圓槽刀在表皮上挖出數個圓孔。

把挖出的果肉，再反面裝回圓洞。

最後把茄子梗剪短一點，放入甜椒盅內，再插上細蘆筍即可。

娃娃菜菊盤飾

▶**材料**

娃娃菜 1 個

▶**工具**

小圓槽刀

▶**盤飾材料**

巴西里適量
紅蘿蔔絲適量
白蘿蔔絲適量

Tips：泡水時請注意外翻的角度變化，以綻放 45 度角，為最漂亮大朵，泡至此程度時，即可取出，如果繼續泡水會愈來愈捲而變得更小朵。

用小圓槽刀在第 1 層的葉面推刻，快到底部時，槽刀稍微向外提起，讓刀尖稍微穿透葉片，不可過深，不然會割到下層葉面。

同作法 1 的刀法向右刻出葉片，且底部皆要相連。

換邊刻出左邊葉片，一片葉面刻滿大約為 5 刀，中間的最長，兩側長度要遞減，如果葉面很寬時，可刻 6 刀。

當葉面刻滿後，則可以輕鬆的取出多餘的葉子。

接著在第 2 個葉面上刻出葉片。

將葉面刻滿。

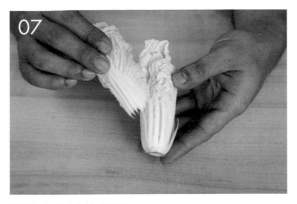

再取出多餘的葉子。

依序往內層刻製，愈往內層，葉面的寬度會愈小，可能刻 3～4 刀就把葉面刻滿。

如果多餘的葉子不能順利取出，不可以硬拔，代表下刀底部沒有相連接，此時再重刻、下刀一次，讓底部相接即可取出。

依序刻至中心時，大約下 2 刀即可。

在中心處保留大約 2～3 片的小花葉當花蕊。

完成油菜菊。

泡水讓花葉向外翻捲成形，即可進行盤飾。

波麗菊盤飾

▶材 料　　▶盤飾材料

甘藍菜苗 1 顆　巴西里適量

　　　　　　　白蘿蔔絲適量

▶工 具　　紅蘿蔔絲適量

西式切刀

雕刻刀

作法

用西式切刀將甘藍菜苗末端⅕處切除。

用雕刻刀順著葉脈旁兩側割出線條。

再把葉子拔除，留下葉脈。

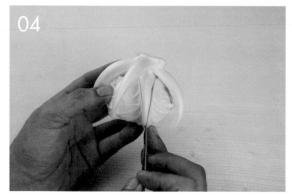

依相同手法在其他葉面上刻出線條。

將內層的葉片取下。

將葉片切除至中心，只留下粗葉脈。

從最外側的葉脈開始，用雕刻刀將葉脈側邊對半剖開。

由外層切剖至內層。

下刀切剖時，須注意要避開旁邊的葉脈，不要切到。

完成波麗菊。

將波麗菊泡入水中。

泡水時請注意外翻的角度變化，角度向外綻放開時，即可取出，進行盤飾。

玫瑰花盤飾

▶材料

青江菜 3 個
紅蘿蔔 1 條

▶工具

西式切刀
雕刻刀
小圓槽刀
中圓槽刀
牙籤

▶盤飾材料

柳丁 6 片
苜蓿芽適量
龍眼枝幹 1 根

Tips：此盤飾利用原本食材的特色造型，用最簡單的切法，以保留自然成形。

作 法

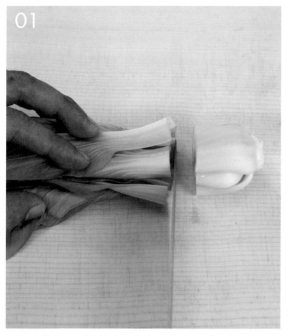

用西式切刀切取青江菜頭段，長約 3 ～ 4
公分。

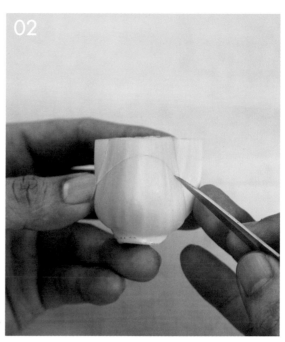

在第 1 層葉面上，用雕刻刀先輕輕描繪出
葉形的弧度。

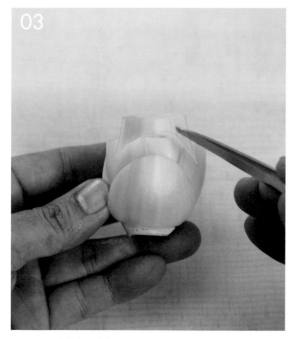

再下刀劃出弧度，取下多餘的葉子，注意
下刀時，不可切到下層的葉面。

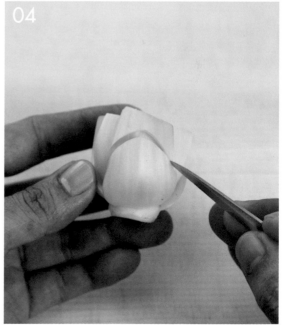

順手後，可以直接下刀切出第 1 層的其餘
葉形。

再把第 2 層的葉形刻出。

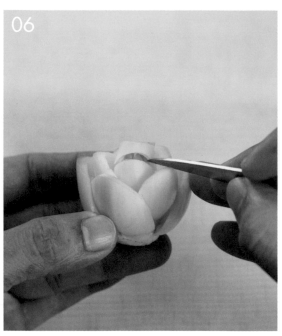

依序往內層切刻。

將最內層的葉片也切除。

完成玫瑰花，重複上述作法，雕刻另外 2 個青江菜。

用西式切刀切取一小塊紅蘿蔔，長約 1.5 公分，並切成細條狀。

在玫瑰花的中心處，先用小圓槽刀挖一小洞，再把切好的紅蘿蔔細條塞入當花蕊。

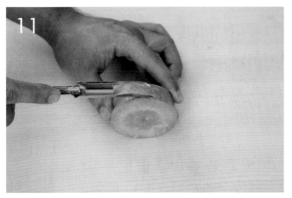

再切一塊紅蘿蔔，高約 2 公分、當底座，並用中圓槽刀在外圍刻出凹槽。

將作法 1 取切下來的青江菜葉，順著原本的葉脈刻出葉形。

用牙籤將刻好的葉片固定在底座上。

把玫瑰花插上，調整位置即可。

青江菜菊盤飾

▶**材料**
青江菜 1 個

▶**盤飾材料**
柳丁 5 片
苜蓿芽適量

▶**工具**
西式切刀
小圓槽刀

Tips：此刻法與娃娃菜相同，注意葉片下刀的厚度，不可太薄，然後泡水外翻的時間較久，大約是娃娃菜的 3 倍時間。

作法

用西式切刀將尾端綠色葉子切除。

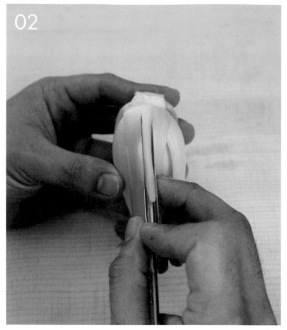

用小圓槽刀在第 1 層葉面上，由上往下推
刻至底部。

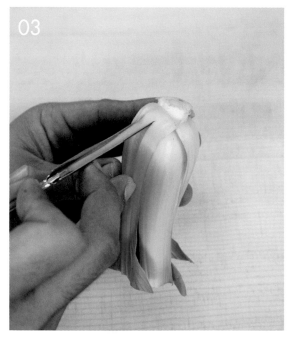

快到底時須將槽刀稍向外提起，讓刀尖稍
微穿透葉片，但不可過深，不然會割到下
層葉面。

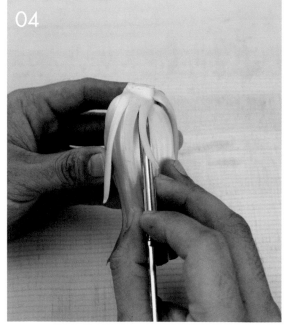

以上述刀法向右再刻出葉片，而且底部要
相連。

05

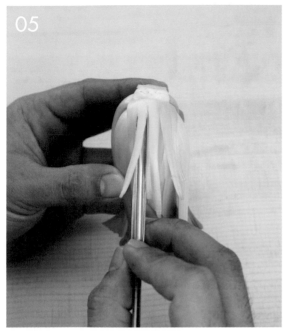

06

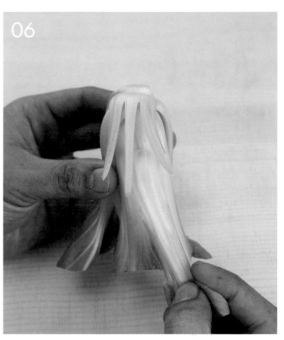

換邊刻出左邊葉片，一片葉面刻滿約為 5 刀，中間的最長，兩側長度要遞減，若葉面很寬時，可刻 6 刀。

葉面刻滿後，則可以順利取出多餘的葉子。

07

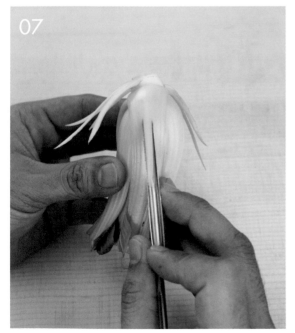

08

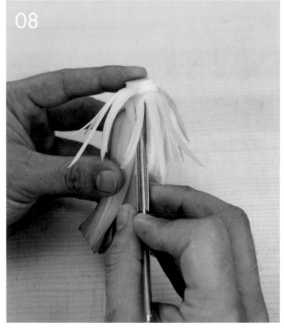

接著在內層葉面上刻出葉片。

將葉面刻滿葉片。

再取出多餘的葉子。

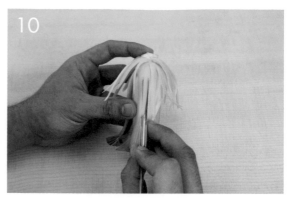

依序往內層刻製。

拔取葉片時，如有葉子相連住，須下刀切開再拔出。

愈內層，葉面寬度會愈小，可能刻 3 ～ 4 刀就把葉面刻滿。

若多餘的葉子無法取出，不可以硬拔，代表下刀底部沒有相連接。

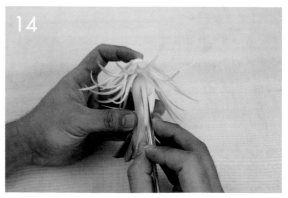

此時重刻，再下刀一次。

讓底部相接即可順利取出。

重複上述作法,刻至內層。

依序刻至中心時,大約在葉面下 2 ～ 3 刀即可。

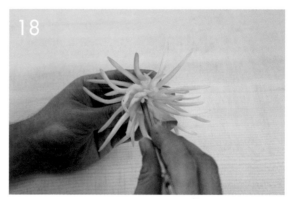

並在中心處,保留大約 1 ～ 2 片小花葉當花蕊。

完成油菜菊。

接著泡水讓花葉向外翻捲成形,即可進行盤飾。

根莖類

將白蘿蔔莖、洋蔥、竹筍、紅蘿蔔雕刻出栩栩如生的荷花與各式可愛的動物造型，如兔子、小鳥、蝦子、企鵝、蝴蝶、小鵝等，皆能增添擺盤的樂趣。

莖鳳尾盤飾

▶材料

白蘿蔔莖 1 根

▶盤飾材料

小番茄 1 顆
紅蘿蔔絲 1 段

▶工具

西式切刀
雕刻刀
V 型槽刀

作 法

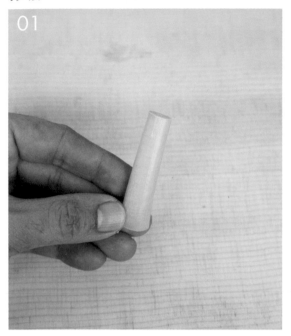

用西式切刀切取一段白蘿蔔莖約 6 公分。

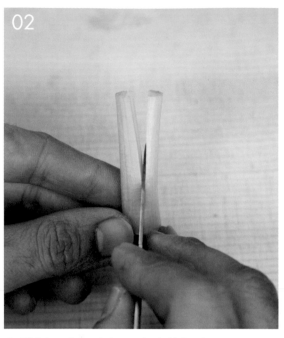

用雕刻刀向下直切至高度約⅔處。

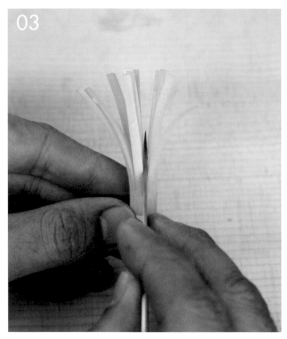

可切井字刀,即直的 2 刀、橫的 2 刀。

切完泡水,等待外翻成形,即可進行盤飾。

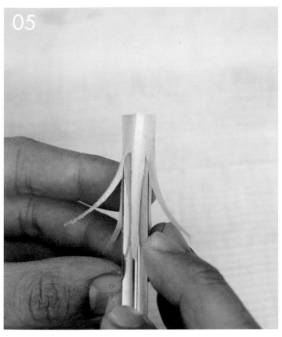

05

或是用 V 型槽刀由上往下推,並繞刻一圈。

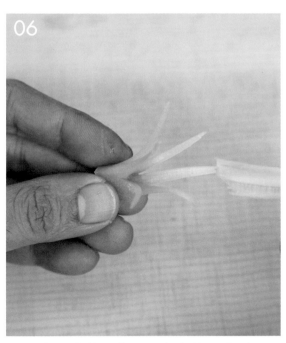

06

再把多餘的莖取出,再泡水外翻成形,即可進行盤飾。

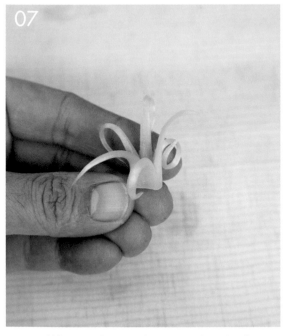

07

用 V 型槽刀完成的形狀,末端會比較尖銳。

08

用雕刻刀完成的形狀,末端會較平整。

延伸變化
莖鳳尾盤飾 A

▶材料

白蘿蔔莖 2 根

▶工具

西式切刀
雕刻刀

▶盤飾材料

南瓜絲適量
牛番茄 1 個

作法

用西式切刀切下白蘿蔔莖。

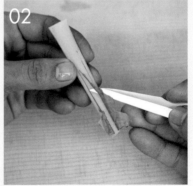
取一根約 9 ～ 10 公分的莖，並用雕刻刀把葉子修除。

在凸面上，以斜切的方式來下刀。

以等距離斜切至尾端。

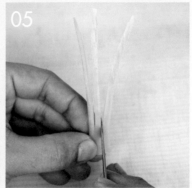
轉至正面，再直切 2 刀。

分成 3 片。

泡入水中，約 10 分鐘就會向外翻捲成形。

完成莖鳳尾，重複上述作法，雕刻另外 1 根白蘿蔔莖，即可進行盤飾。

延伸變化
莖鳳尾盤飾 B

▶材料
白蘿蔔莖 4 根

▶工具
西式切刀
雕刻刀

▶盤飾材料
南瓜絲適量
牛番茄 1 個
秋葵片 4 片
金桔 1 個

作法

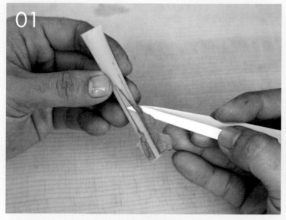

用西式切刀切下白蘿蔔莖，取一根約 9～10 公分的莖，再用雕刻刀把葉子修除。

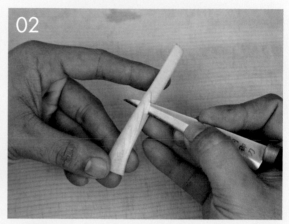

在凸面上，以斜切方式下刀，以等距離斜切至尾端。

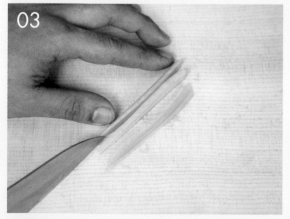

接著把莖梗切成 3 片，只取中間那片，依相同切法，再把其他 3 根切出。

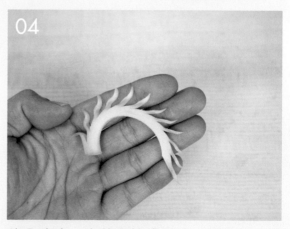

泡入水中，向外翻捲成形後，即可取出進行盤飾。

洋蔥荷花盤飾

▶材 料　　　　　▶盤飾材料

洋蔥 1 顆　　　　苜蓿芽適量
紅蘿蔔 1 條　　　牛蒡片適量
南瓜 1 塊　　　　大黃瓜 1 條
食用蘭花梗 1 根　白蘿蔔莖 2 根

▶工 具

西式切刀
雕刻刀
中式片刀
大圓槽刀
中圓槽刀
小圓槽刀
快乾膠

Tips：若在不通風的環境下操作，有可
能會因洋蔥的辛辣而流眼淚，可先將洋
蔥切半後泡水，可減低辛辣感。

作法

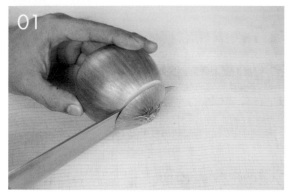

用西式切刀把洋蔥頭尾切除。

再對半切開。

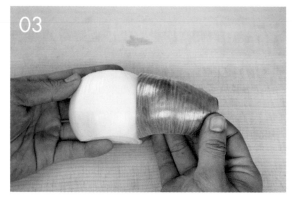

剝除表皮。

把洋蔥每層剝開。

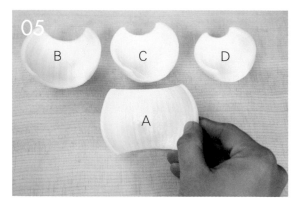

選取 4 層不同大小的洋蔥，並依長短分成
A、B、C、D。（A 最長～D 最短）

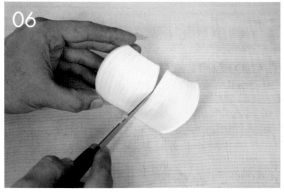

取 A 層，用雕刻刀對半切開，以方便刻製
出葉形。

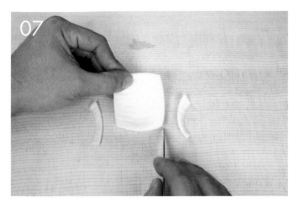

先切出 A 層長度，長約 5 公分，B 為 4 公分，C 為 3 公分，D 為 2 公分。

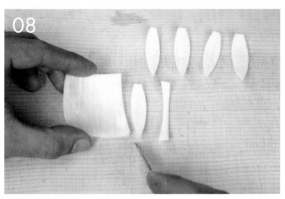

再刻出花瓣，一邊尖頭、一邊平頭，須刻出 5 片。

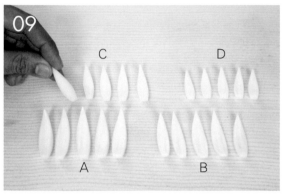

依序完成 A、B、C、D 層花瓣，共 20 片。

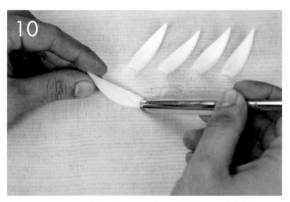

取 A 層 5 片花瓣，用中圓槽刀以斜角 45 度在平頭一端，鑿出半圓。

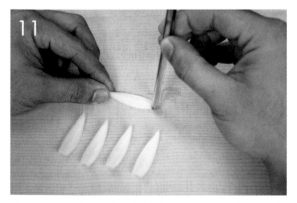

取 B 層 5 片花瓣，用中圓槽刀以垂直 90 度在平頭一端，鑿出半圓。

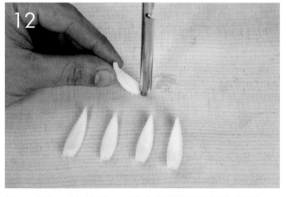

取 C 層 5 片花瓣，用中圓槽刀以垂直角 90 度，並將花瓣抬高成 45 度角，在平頭一端，槽刀直下鑿出半圓。

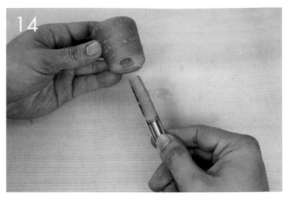

換取 D 層 5 片花瓣，用中圓槽刀以垂直角 90 度，並將花瓣抬高成 75 度角，在平頭一端，槽刀直下鑿出半圓。

用中圓槽刀挖取紅蘿蔔圓柱，長約 4 公分。

用雕刻刀在圓柱上方切出細井字刀，深約 1 公分。

用手輕微撥開即為花蕊。

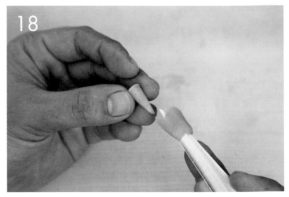

挖取南瓜小圓柱。

將下方修成圓錐狀。

在平面上用小圓槽刀挖出圓柱，備用。

接著把表皮切除。

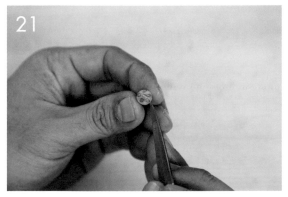

將小圓柱沾上快乾膠後，黏回平面上。

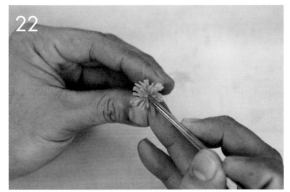

用小圓槽刀在作法 16 花蕊中間挖一小洞。

將作法 21 的南瓜圓柱，沾點快乾膠來黏在花蕊。

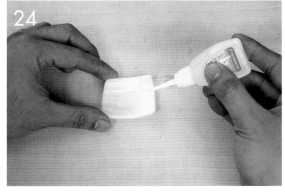

另取一塊洋蔥，擠入快乾膠，用於方便沾黏花瓣。

取 D 層 5 片花瓣，沾黏快乾膠後，以 75 度角黏接在花蕊旁。

再取 C 層 5 片花瓣，沾黏快乾膠後，在 D 層每 2 片花瓣的中間以 45 度角黏接上去。

再將 B、A 層花瓣黏上，B 層以水平角度黏接，A 層以向下 45 度黏接。

完成 4 層花瓣黏接。

把下方凸出來的紅蘿蔔切除。

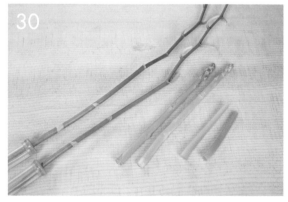

荷葉梗的呈現素材有食用蘭花梗、細蘆筍、白蘿蔔莖等供選擇。

切取一長段白蘿蔔莖，並修除葉片。

再用快乾膠黏接在荷花底部。

完成荷花。

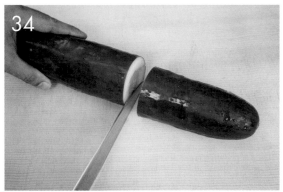

用西式切刀切取半條大黃瓜。

切下頭段，長約 2 公分。

製作小荷葉。將切下的頭段，用大圓槽刀把中間的果肉挖除，留下表皮。

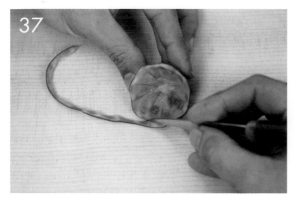

用雕刻刀把邊緣切出波浪狀。

用手指將頭段的表皮反折，翻面過來，不可折破。

在表皮上刻出葉脈，完成小荷葉。

製作大荷葉。取剛切下的黃瓜段，用中式片刀，切開表皮。

旋轉一圈，將整片表皮切取下來。

先切取一塊正方形。（以下是四方形演變成圓形的切法）

把 4 個邊角以等邊切除，形成 8 角形。

將 8 個角再等邊切除，形成 16 角形。

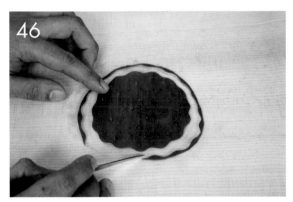

再將 16 個角等邊切除，就快形成圓形。

用雕刻刀將邊緣切出波浪狀。

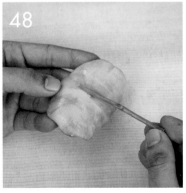

在表皮上刻出葉脈，完成大荷葉。

先泡水讓表皮向內翻捲即取出，再用快乾膠黏上食用蘭花梗。

完成荷葉後，即可進行組裝盤飾。

竹筍荷花盤飾

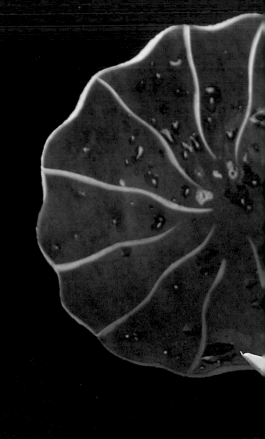

▶材料

竹筍 1 個
紅蘿蔔 1 條
南瓜 1 塊
食用蘭花梗 1 根

▶盤飾材料

牛蒡片適量
大黃瓜 1 條
白蘿蔔莖 2 根

▶工具

西式切刀
中圓槽刀
小圓槽刀
雕刻刀
剪刀
快乾膠

Tips：將原本要丟棄的材料，加點巧思，利用洋蔥荷花雕製手法延伸變化至竹筍殼上，創造出有價質的盤飾造景，正如是物盡其用，將垃圾變黃金的最佳呈現，也是果雕創作的另一種樂趣。

作法

用西式切刀把竹筍尾端切除。

剝開竹筍外殼。

再對半切開。

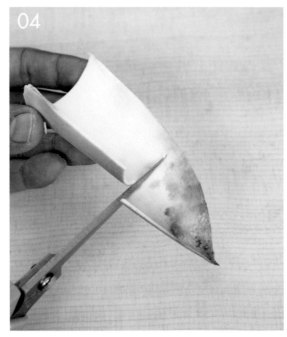

用剪刀將不好的邊緣剪掉。

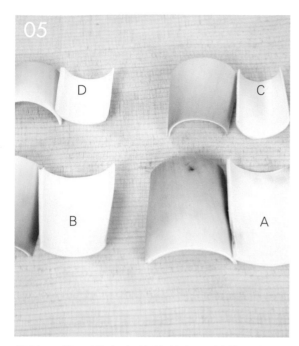

切取 4 份不同大小的竹筍殼，並依長短分成 A、B、C、D。（A 最長～D 最短）

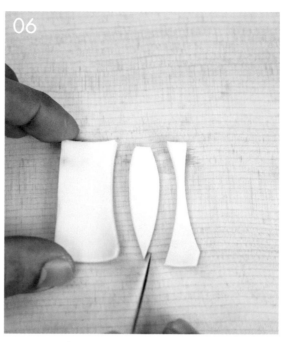

取 A 層切出長約 5 公分的大小，B 為 4 公分，C 為 3 公分，D 為 2 公分。將筍殼刻出葉形，一邊尖頭、一邊平頭，皆刻 5 片。

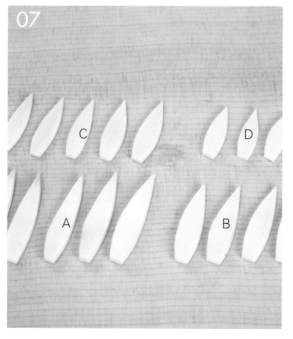

依序完成 A、B、C、D，4 種花瓣，共 20 片。

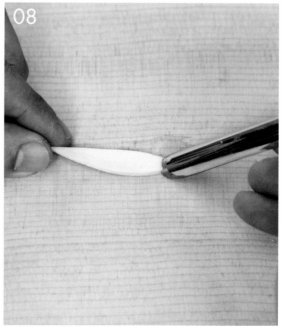

取 A 層每片花瓣，用中圓槽刀以斜角 45 度在平頭一端，鑿出半圓。

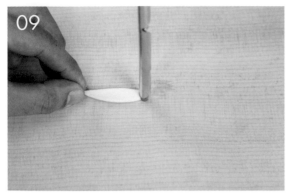

取 B 層每片花瓣，用中圓槽刀以垂直 90 度在平頭一端，鑿出半圓。

取 C 層每片花瓣，用中圓槽刀以垂直 90 度，將花瓣抬高成 45 度角，在平頭一端，槽刀直下抵住花瓣。

取 D 層每片花瓣，用中圓槽刀以垂直 90 度，將花瓣抬高成 75 度角，在平頭一端，槽刀直下抵住花瓣。

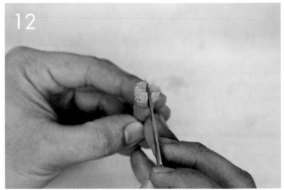

先用中圓槽刀挖取紅蘿蔔圓柱，長約 4 公分。用雕刻刀在圓柱上方切出細井字刀，深約 1 公分。

用手輕微撥開即為花蕊。

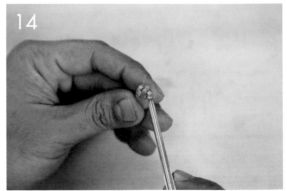

先用中圓槽刀挖取南瓜圓柱，再用小圓槽刀挖出小圓柱備用。

接著用雕刻刀把南瓜表皮切除。

把南瓜的小圓柱沾快乾膠後黏在平面上。

將做好的南瓜心,沾點快乾膠黏在紅蘿蔔花蕊中間。

將 A、B、C、D 層的花瓣依序黏在紅蘿蔔蕊上。

完成 4 層花瓣的黏接。

把下方凸出的紅蘿蔔切除。

切取一長段食用蘭花梗,用快乾膠黏接在荷花底部。

完成荷花即可進行組裝盤飾,完成荷花即可進行組裝盤飾。(荷葉作法可參考 P114 作法 34 ～ 49)

水花小兔切雕

▶材料

紅蘿蔔 1 條

▶工具

西式切刀

▶盤飾材料

玉米筍 1 根
小黃瓜 1 段
辣椒 2 片
小白蘿蔔 1 條
南瓜絲適量

示意圖

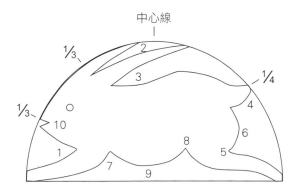

中心線

完成圖

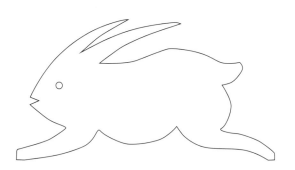

註：⅓、¼為切雕紅蘿蔔的座標位置。

作法

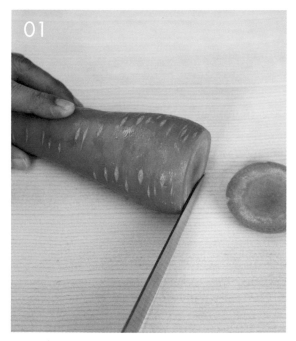

用西式切刀將紅蘿蔔蒂頭切除。

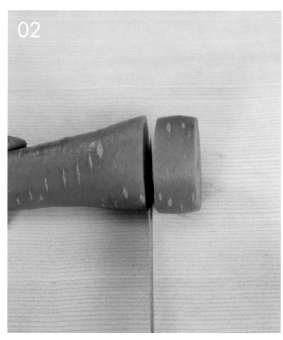

切取一段約 3 公分的厚片。

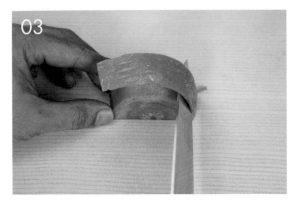

將厚片對半切開。

再切除表皮。

在左側下方，對照示意圖1處，切出一角，此處為下巴與前腳的分界。

對照示意圖2處，將第1個耳朵切出。

對照示意圖3處，將第2個耳朵切出。

對照示意圖4處，把尾巴切出來。

對照示意圖5處，切一刀。

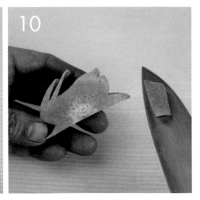

並把多餘的紅蘿蔔切除。

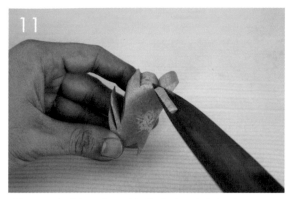

對照示意圖 6 處,將後大腿弧度切出。

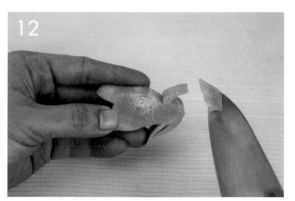

對照示意圖 7 處,把前腳切出。

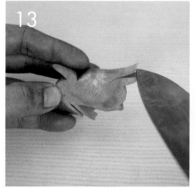

對照示意圖 8 處,再把後腳切出。

切除多餘的紅蘿蔔。

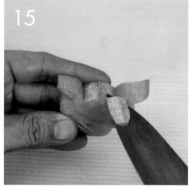

對照示意圖 9 處,接著把肚子的弧度切出。

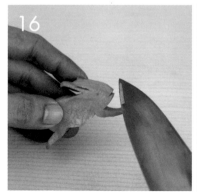

對照示意圖 10 處,將嘴巴切出。

完成小兔造型。

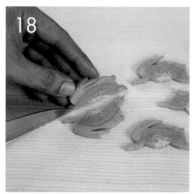

再切成每片約 0.3 公分的厚片,即可進行盤飾。

水花小鳥切雕

▶材料
紅蘿蔔1條

▶盤飾材料
秋葵片適量

▶工具
西式切刀

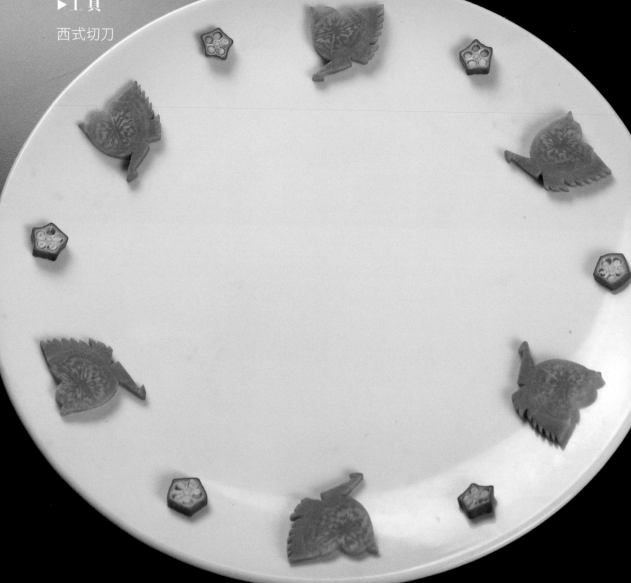

示意圖

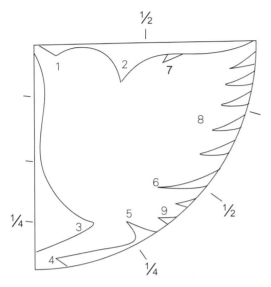

註：½、¼為切雕紅蘿蔔的座標位置。

完成圖

作法

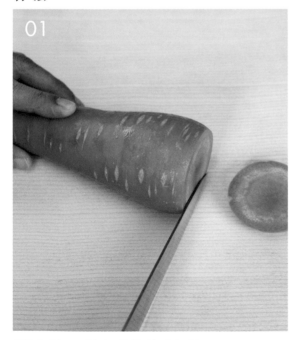

用西式切刀將紅蘿蔔蒂頭切除。

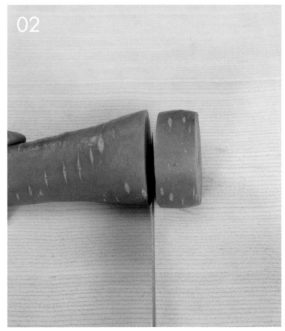

切取一段約 3 公分的厚片。

先將厚片對半切開後再對半切開。

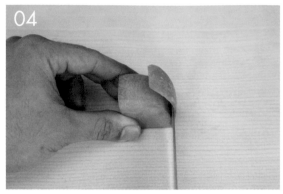

取一扇形等分，並把外皮切除。

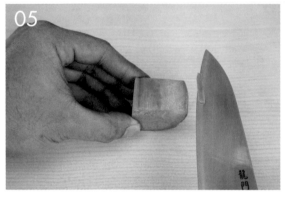

平面向上，對照示意圖 1 處，在左側上方切出一角，此處為嘴巴與額頭的分界。

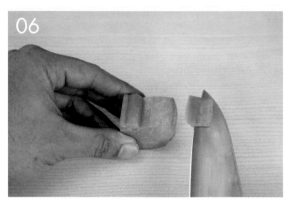

對照示意圖 2 處，將頭的寬度切出。

對照示意圖 3 處，由左側角下刀切出胸部。

再由腳部斜切向上，取下多餘的紅蘿蔔。

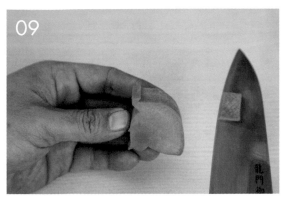

反轉至底部，對照意圖 4 處，將腳爪切出。

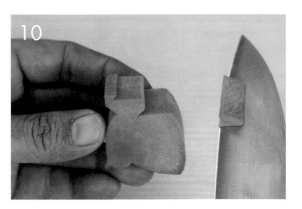

接著對照示意圖 5 處，把腳肘的位置切出。

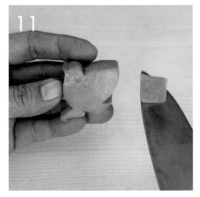

對照示意圖 6 處，切開尾巴。

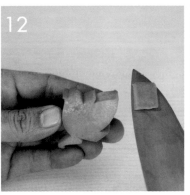

對照示意圖 7 處，把翅膀上方的尖角切開。

對照示意圖 8 處，如圖將翅膀層次切開。

對照示意圖 9 處，切出尾巴的層次。

完成小鳥造型。

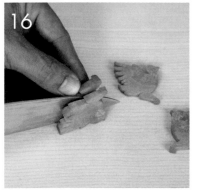

再切成每片約 0.3 公分的厚片，即可進行盤飾。

水花小蝦切雕

▶材料

紅蘿蔔 1 條

▶工具

西式切刀

▶盤飾材料

小番茄 1 顆
金桔 1 顆
鴻喜菇 2 朵
南瓜絲適量
小黃瓜 1 片
甜豆籽 2 粒

示意圖

註：½、⅓、¼為切雕紅蘿蔔的座標位置。

完成圖

作法

用西式切刀將紅蘿蔔蒂頭切除，再分段切開，取一段紅蘿蔔（圖中左二）。

切取出長方形。

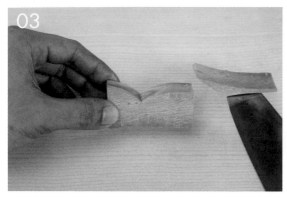

對照示意圖 1 處切出，此處為蝦頭與身體的分界。

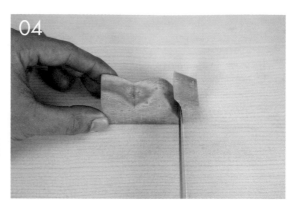

對照示意圖 2 處，將尾部弧度切出。

對照示意圖 3 處，把頭部上方的尖角切出。

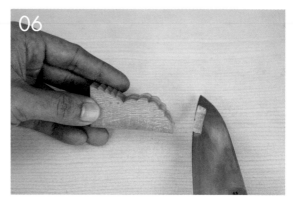

對照示意圖 4 處，接著把蝦背的弧度切出。

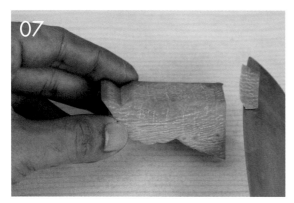

對照示意圖 5 處，再來切開蝦尾巴。

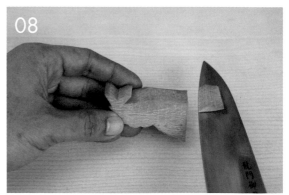

對照示意圖 6 處，把蝦尾與腹部切開。

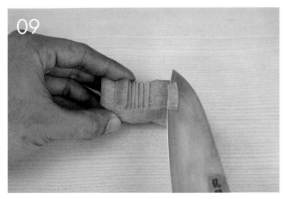

對照示意圖 7 處，將腳部尖角切出。

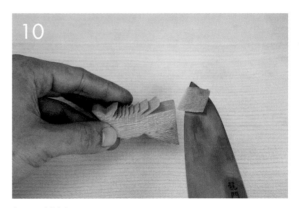

切至前端。

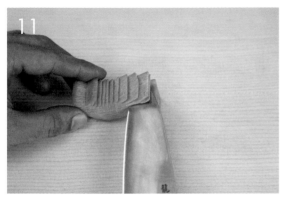

對照示意圖 8 處，把前夾切出。

對照示意圖 9 處，把頭部下方弧度切出。

對照示意圖 10 處，把頭部下方的尖角切出。

完成小蝦造型。

再切成每片約 0.3 公分的厚片，即可進行盤飾。

水花企鵝切雕

▶材料

紅蘿蔔 1 條

▶工具

西式切刀

▶盤飾材料

牛蒡 2 片

巴西里適量

玉米筍 2 小段

辣椒花 1 朵

示意圖

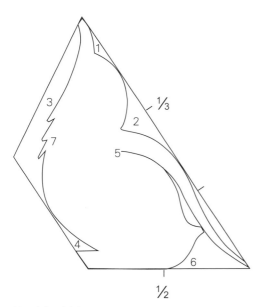

完成圖

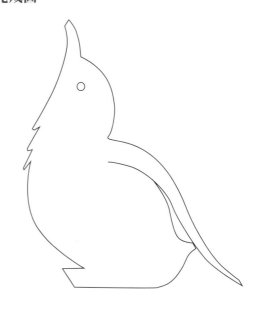

註：½、⅓為切雕紅蘿蔔的座標位置。

作 法

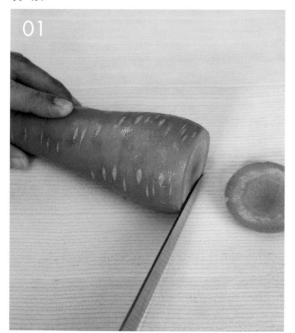

用西式切刀將紅蘿蔔蒂頭切除。

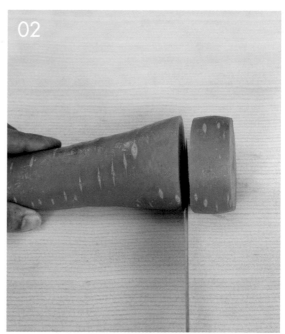

切取一段約 3 公分的厚片。

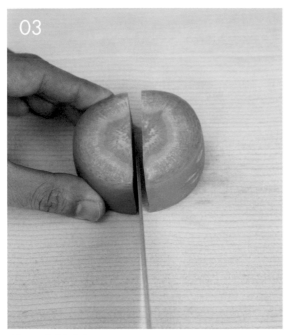

將厚片對半切開。

再切成梯形。

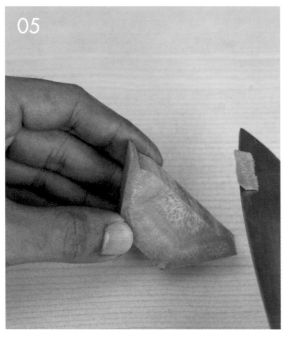

對照示意圖 1 處,在上方切出一角,此處
為嘴巴與額頭的分界。

對照示意圖 2 處,將頭的寬度切出。

對照示意圖 3 處，把胸線弧度切出，切至示意圖 4 處，此處為腳部。

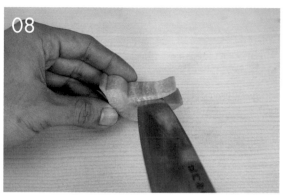

對照示意圖 5 處，再把翅膀切開。

對照示意圖 6 處，將後腳跟部切出。

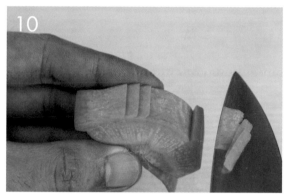

對照示意圖 7 處，切出胸毛尖角。

完成企鵝造型。

切成每片約 0.3 公分的厚片，即進行盤飾。

水花壽桃切雕

▶材料　　▶盤飾材料
紅蘿蔔1條　辣椒6片

▶工具
西式切刀

示意圖　　　　　　　　　　　　　**完成圖**

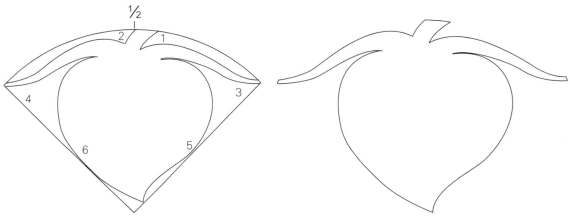

註：½為切雕紅蘿蔔的座標位置。

作法

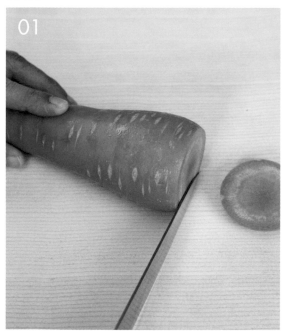

用西式切刀將紅蘿蔔蒂頭切除。

切取一段約 3 公分的厚片。

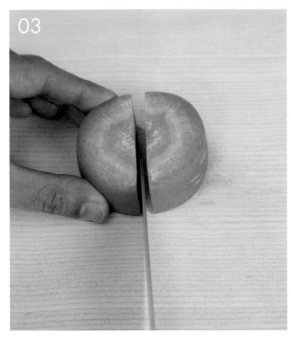

將厚片對半切開。

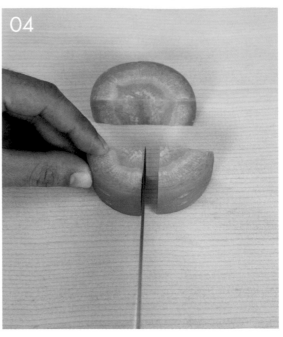

再對半切開，取一扇形，並把外皮切除。

對照示意圖 1 處切開。

換邊再把示意圖 2 處切開。

對照示意圖 3 處，把右邊的葉片切開。

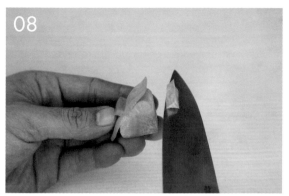

對照示意圖 4 處，把左邊的葉片切開。

對照示意圖 5 處，把壽桃右側弧度切出。

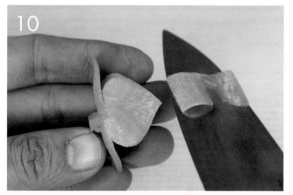

對照示意圖 6 處，換把壽桃左側弧度切出。

完成壽桃造型。

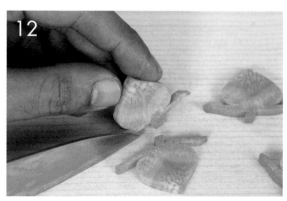

切成每片約 0.3 公分的厚片，即進行盤飾。

蝴蝶盤飾切雕

▶**材 料**

紅蘿蔔 1 條

▶**工 具**

中式片刀
雕刻刀
牙籤

▶**盤飾材料**

牛蒡 1 段
巴西里 2 朵
莖鳳尾 1 個
南瓜絲適量

示意圖

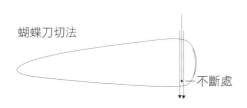

蝴蝶刀切法

不斷處

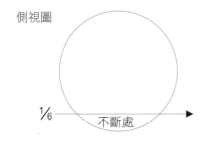

側視圖

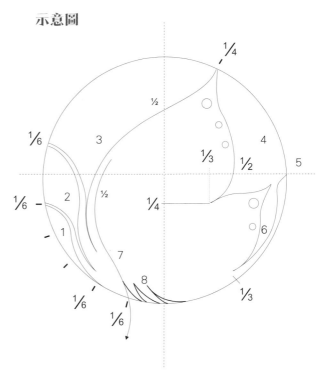

註：½、⅓、¼、⅙為切雕紅蘿蔔的座標位置。

作法

用西式切刀將紅蘿蔔頂端切除。如蝴蝶刀切法的第一刀。

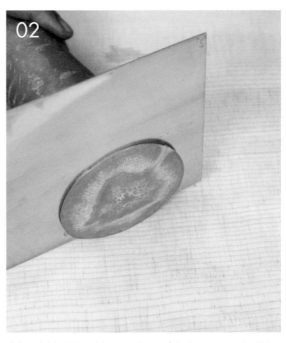

對照側視圖，第 2 刀切至⅙處，且不切斷。

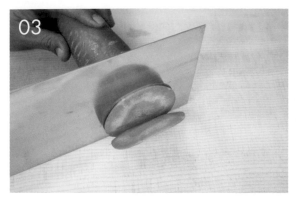

第 3 刀再切斷。

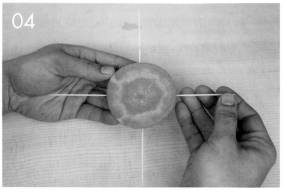

用牙籤做出水平、垂直線記號，可先把示意圖上的座標位置標記出來，再畫上整隻蝴蝶的線條。(不斷處須朝向自己)

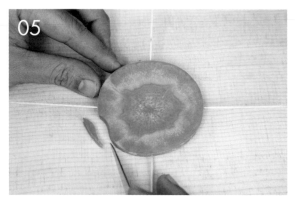

對照示意圖 1 處，用雕刻刀把第 1 支觸角刻出。

對照示意圖 2 處，把第 2 支觸角刻出。

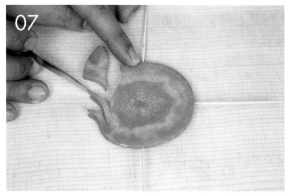

對照示意圖 3 處，將大翅膀的前線條刻出。

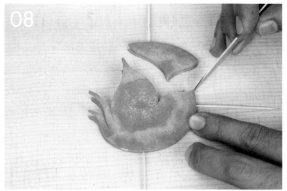

對照示意圖 4 處，將前後翅膀切出。

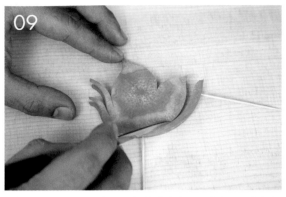

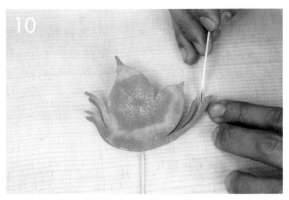

對照示意圖 5 處，由右側水平線切入刻出 尾巴。

對照示意圖 6 處，把尾部中間刻細一些。

對照示意圖 7 處，在前翅膀 下方刻出 S 線條。

對照示意圖 8 處，把下方的 角切出。

把頭部摺塞入翅膀中間。

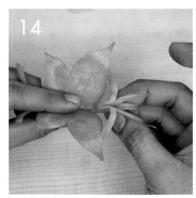

左手食指放在翅膀中間，先 撐開空間，再把頭部小心的 塞入其中。

完成蝴蝶造型，也可在翅膀 上挖出小圓孔（如示意圖）。

泡水成形，即可進行盤飾。

小鵝盤飾切雕

▶材料

紅蘿蔔 1 條

▶工具

中式片刀
雕刻刀
小圓槽刀
牙籤

▶盤飾材料

牛蒡 1 段
巴西里 1 朵
莖鳳尾 1 個
南瓜絲適量

A

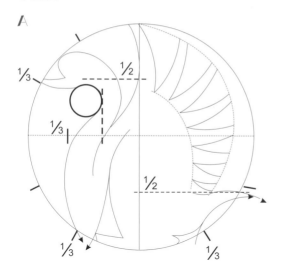

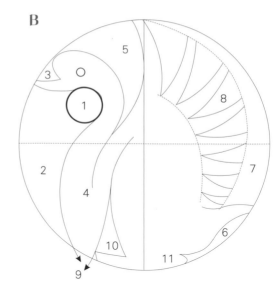

B

註：½、⅓為切雕紅蘿蔔的座標位置。

完成圖

作 法

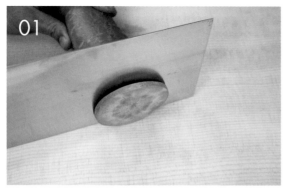

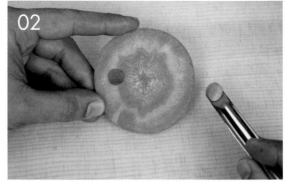

用中式切刀先將紅蘿蔔頂端切除，再切一厚片，約 0.5 公分。

可用牙籤或畫筆，依示意圖 A 的座標位置把線條標記出來，再畫上整隻小鵝的形狀，對照圖 B 處，用小圓槽刀將下巴的位置挖出圓洞。

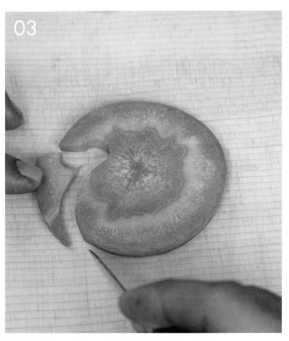

對照圖 B2 處，把脖頸部刻出。

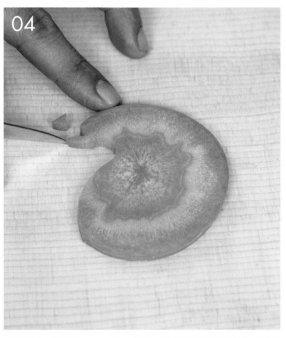

對照示意圖 B3 處，切出嘴巴與額頭的分界位置。

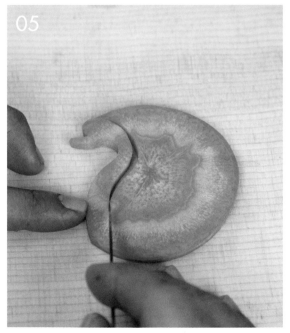

對照示意圖 B4 處，將後頸線條切出。

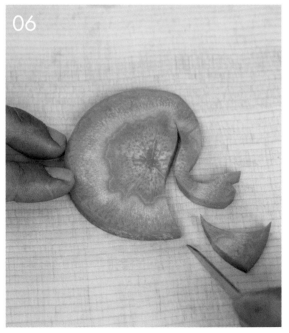

對照示意圖 B5 處，再把翅膀線條刻出。

對照示意圖B6處，將尾部下面的弧度切出。

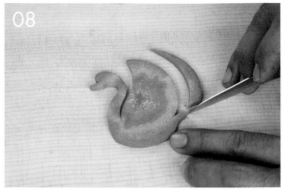

對照示意圖 B7 處，把翅膀邊多餘的紅蘿蔔切除。

對照示意圖 B8 處，依照翅膀的線條，把翅尾刻出。

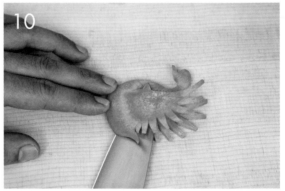

用西式切刀將翅膀的厚度對半平剖開，切至底部停刀，注意不可以切到脖子。

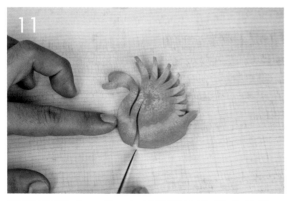

對照示意圖B9處，在前翅膀下方切出線條。

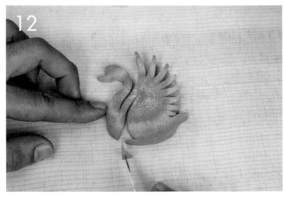

對照示意圖 B10 處，把腳部刻出。

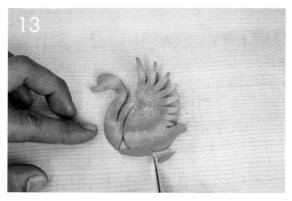

對照示意圖 B11 處，再把後腳跟切出。

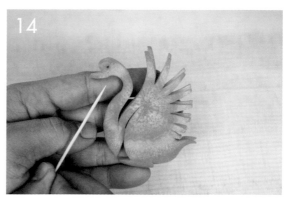

用牙籤把眼睛挖出。

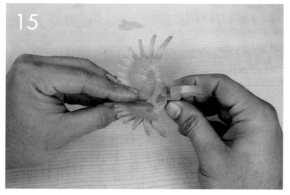

左手食指放在翅膀中間，撐開其空間。

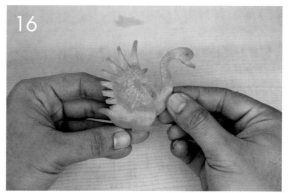

把下頸部摺塞入翅膀中間。

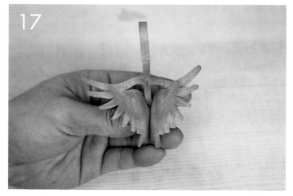

如圖成功架住脖子。

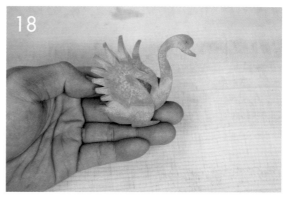

完成小鵝造型，即可進行盤飾。

水果類

應用小番茄、牛番茄來雕刻出多樣的造型，
如向陽花、向陽花、蓮花、小企鵝、蝴蝶、
花籃，不論是哪一種造型都非常精巧可愛。

番茄小花盤飾

▶ **材料**

小番茄 3 顆

小黃瓜 1 條

▶ **盤飾材料**

柳丁片適量

▶ **工具**

西式切刀

雕刻刀

Tips：小番茄要選質地硬一點的，才會比較好切雕。

作法

靠近蒂頭處，用西式切刀切一平刀，使其可直立平放。

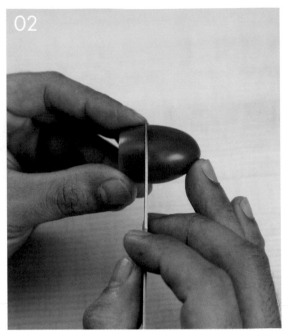

用雕刻刀在高度⅓處下淺刀，旋轉切割一圈，但不可切太深。

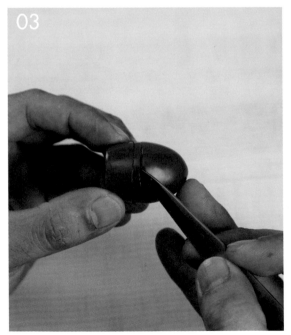

在旁邊約 0.3 公分處，再斜切繞一圈。

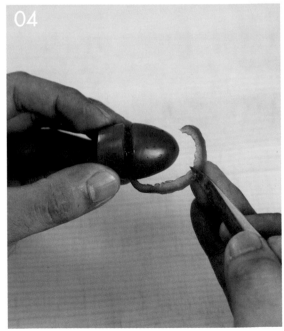

把皮取下。

刻完成了番茄主體，重複上述作法，雕完
另外兩顆小番茄。

取小黃瓜，用西式切刀切約 0.15 公分的薄
片，每顆小番茄使用 5 片。

把小黃瓜片塞進凹槽內。

依序把小黃瓜片用斜疊方式疊好。

把 5 片花瓣全疊進凹槽內，再調整好間距。

完成小花，即可進行盤飾。

向陽花盤飾

▶材料
小番茄 1 顆

▶工具
西式切刀
雕刻刀
牙籤

▶盤飾材料
巴西里 1 小段

Tips：此作品完成後
不用泡水，可直接
做盤飾。

作法

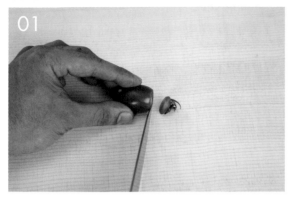

靠近蒂頭處,用西式切刀切一平刀,使其可直立平放。

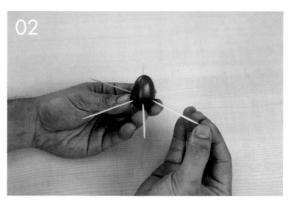

在下方高度⅓處,平均插上 6 支牙籤,分成 6 等分。

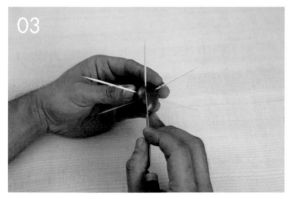

用雕刻刀依牙籤位置連接,並輕劃開表皮。

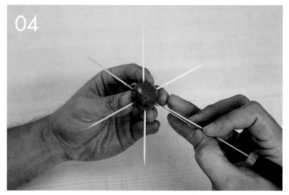

如「*」符號劃分 6 等分。

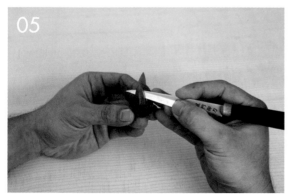

以雕刻刀依序切開表皮至下面⅓處停刀。

用大拇指及食指把花瓣向外捲推成形,即可進行盤飾。

小企鵝盤飾

▶材料
小番茄 2 顆

▶工具
西式切刀
雕刻刀
剪刀
牙籤

▶盤飾材料
小黃瓜 1 小段
苜蓿芽適量
紅蘿蔔絲適量

Tips：擺盤時，底部可斜切一刀，讓
小番茄稍向前傾，會比較可愛。

作法

選取比較長、胖，並有蒂頭梗的小番茄。

把綠色蒂頭梗完整取下。

用剪刀把蒂頭剪成 3 段備用。

用牙籤在眼睛的地方鑽洞。

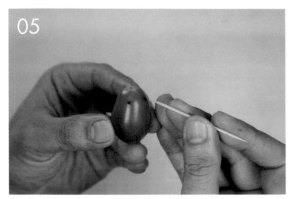

把剪下的梗塞入眼睛內。

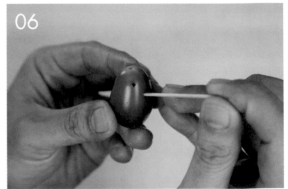

眼睛下方鑽出嘴巴的洞。

07

把一根較長的梗塞入當嘴巴。

08

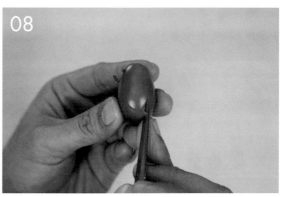

用雕刻刀在左右兩側刻出 U 形線條，當做翅膀位置。

09

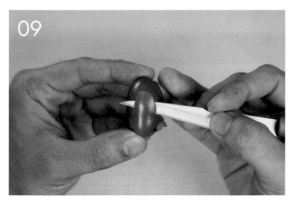

下刀把翅膀切開。

10

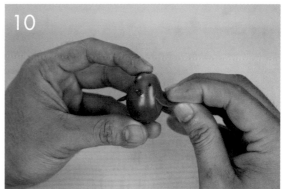

用大拇指及食指把翅膀向上翻捲成形。

11

最後在底部切一刀，使其可以直立。

12

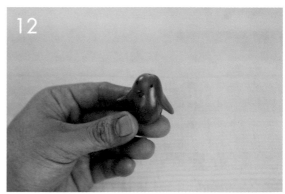

完成小企鵝，重複上述作法，雕完另一顆小番茄，即可進行盤飾。

蝴蝶盤飾

▶材料 　　▶盤飾材料

牛番茄 1 顆　　小黃瓜 3 片
　　　　　　　辣椒 3 片
▶工具　　　　秋葵 3 片

西式切刀

Tips：擺盤時，可採用對角
角度呈現，並選其他顏色的
素材做搭配。

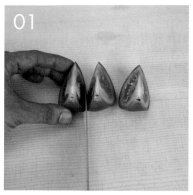

用西式切刀將牛番茄對半切開，再把半邊番茄再切成3等分。

取1等分平放在砧板上，把尖端切除，方便稍後架刀不滑動。

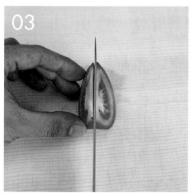

把刀架在作法2的切除處。

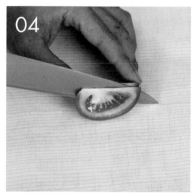

往前切，刀尖碰到砧板時再往後拉。

往後拉至底部留⅕處，不切斷並停刀。

由右側開口處下刀。

切開外皮，此時左手慢慢下壓，切刀用鋸的方式向左推進。直至外輪廓¾處停刀。

把番茄向外翻開。

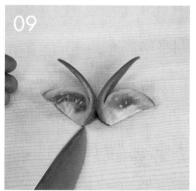

完成簡易蝴蝶刀法，即可進行盤飾。

蝴蝶盤飾

▶**材料**

牛番茄 1 顆

▶**工具**

西式切刀

▶**盤飾材料**

小黃瓜片適量
辣椒 3 片
巴西里適量

Tips：牛番茄不可以挑選太熟的，如果太熟會導致切開時結構面不完整。

作法

用西式切刀將牛番茄對半切開，再切成 3 等分，將尖端切除，方便稍後架刀不滑動（可參考 P172 作法 1～2）。

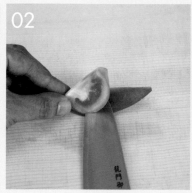

先切開外皮至外輪廓¾處。

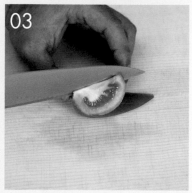

把切刀架在上方。

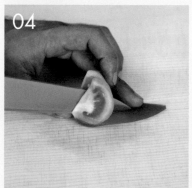

由上往下切開，但不可以切到外皮。

將切好的番茄向外攤開。

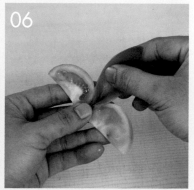

攤開的同時，大拇指向下推、食指向上拉，把番茄皮用翹成形，即可進行盤飾。

大蝴蝶盤飾

▶**材料**

牛番茄 1 顆

▶**工具**

西式切刀

▶**盤飾材料**

柳丁片適量
秋葵 3 片
巴西里適量
紅櫻桃 1 顆

Tips：擺盤時成品不可以超
出盤邊。

作法

將牛番茄蒂頭拔除。

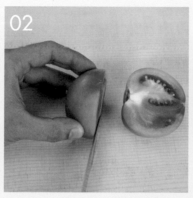

用西式切刀把牛番茄對半切
開來。

把半邊的番茄，再平均切成
4 等分。

由右側下刀切開外皮。

直至外輪廓¾處停刀。

用大拇指及食指將皮向外翻
捲成形，擺盤時將 2 片番茄
以左右對稱的方式裝盤。

太陽花盤飾

▶材料

牛番茄 1 顆

▶工具

西式切刀

▶盤飾材料

苜蓿芽適量
巴西里 1 朵

Tips：如果外皮切太薄，組裝
時外葉會下垂，就不好看了。

作法

01

鄰近番茄蒂頭處，用西式切刀平切一刀，使其可平放不倒。

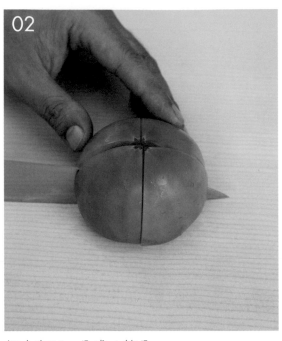

02

切十字刀，分成 4 等分。

03

把 4 等分對半再切開，成 8 等分。

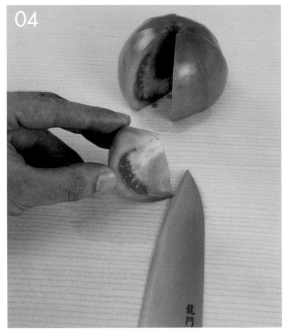

04

取 1 等分，由右側下刀切開外皮。

直至外輪廓¾處停刀。

依序把其他等分也切開外皮。

切的同時要注意外皮不可太薄，厚約 0.25 公分。

用大拇指及食指將牛番茄的皮向外翻捲，並調整角度。

再依每片番茄原本位置，放回原位，不可亂掉。

完成太陽花，即可進行盤飾。

堆疊式造型

▶材料

牛番茄 8 顆

▶工具

西式切刀
雕刻刀
牙籤

Tips：挑選堆疊造型的素材時，
不可選太熟的，半熟為最佳。

作法

01

鄰近蒂頭處，用西式切刀平切一刀，使其可以平放。

02

先抓取中線，並用牙籤插入做記號。

03

將番茄轉 90 度至側邊，在左上 45 度做記號，此處為下刀點。

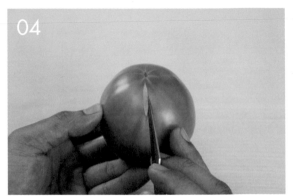

04

再把番茄轉正，以中線為準，用雕刻刀左右下刀切出 V 形。

05

雕刻刀拿斜上 45 度，以等距的寬度約 0.25 公分，切出下層。

06

依序向下切出層次，注意切 V 形刀時，快接近中線時速度要放慢。

07

切 V 形刀時避免切超過中線而影響到下層，中間的層次至少要切出 7 ～ 8 層。

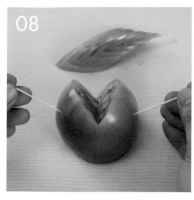

把中間切好的層次取出備用，並在左右兩側插上牙籤做記號。

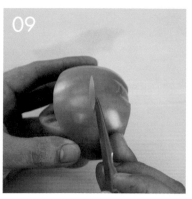

在右邊的牙籤處下刀，切出 V 形。

再依序切出層次。

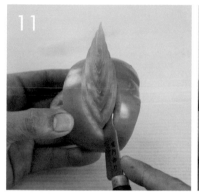

右邊總共切出 5 層。

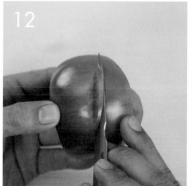

換切左邊層次。

一樣切出 5 層。

將左右層次向前推開，並調整間距。

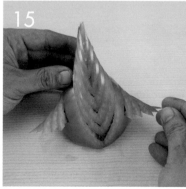

再把中間的層次放上即為側邊層次向前堆疊的造型。

也可以將側邊的層次往後推疊，如圖造型。

堆疊盤飾

▶材料

牛番茄 2 顆

▶工具

西式切刀
雕刻刀

▶盤飾材料

柳丁 9 片
秋葵 6 片
巴西里適量
辣椒 6 片

作法

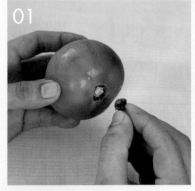

01

將牛番茄蒂頭拔除。

02

用西式切刀把牛番茄對半切開來。

03

用雕刻刀在中間切出 V 形。

04

切至底部約 4～5 層，並把中間切開。

05

取右邊等分，用西式切刀切開表皮至¾處，再把左邊等分切開。

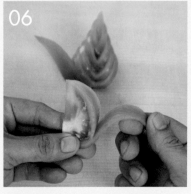

06

用大拇指及食指將番茄皮向外翻捲。

07

再把左右兩邊的番茄裝回原位。重複上述作法，雕刻完另一顆牛番茄，即可以進行盤飾。

左右堆疊造型

▶材料

牛番茄 1 顆

▶工具

西式切刀
雕刻刀
牙籤

Tips：層次的間距大小要相同，這樣堆疊出來的效果會比較漂亮。

作法

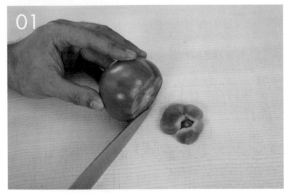

鄰近蒂頭處，用西式切刀平切一刀，使其可以平放。

先抓取出中線，在兩側插入牙籤做記號，並在上方中間處，插入牙籤，此處為下刀起點。

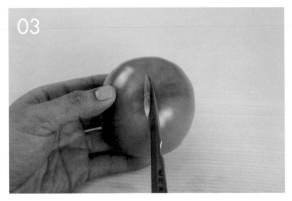

將番茄轉90度，讓中線與身體呈垂直，為方便下刀可將牙籤拔除再切。

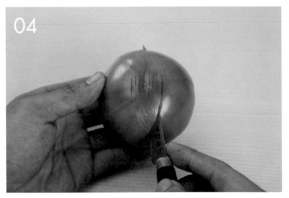

以中線為基準，用雕刻刀在中線的左右下刀，切出V形。

雕刻刀拿水平角度，以等距寬度約0.25公分切出下層。

依序向下切出層次，注意切V形刀時，快接近中線時速度要放慢。

切 V 形刀時避免切超過中線而影響到下層，中間的層次至少要切出 7～8 層。

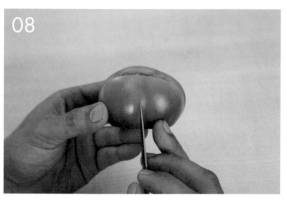

把中間切好的層次取出備用，將番茄轉至側面，在寬度一半處下直刀切開表皮。

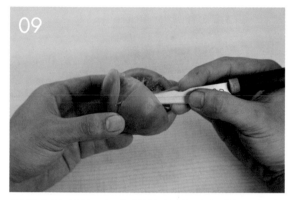

用雕刻刀再把左右兩邊的表皮切開至高度的一半。

用大拇指及食指將皮向外翻捲。

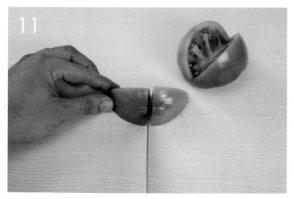

把剛才中間切好的層次對半切開。

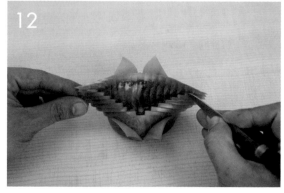

再放回番茄的中間位置，將左右兩邊的層次向外推開，並調整好間距即完成。

雙拼盤飾

▶材料

牛番茄 1 顆

▶工具

西式切刀

▶盤飾材料

柳丁 1 片
巴西里適量
小番茄 1 顆

作法

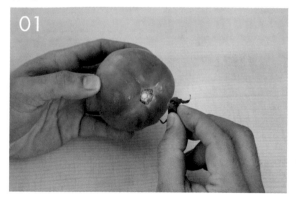

將牛番茄蒂頭拔除。

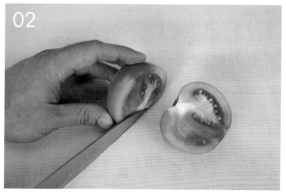

用西式切刀將牛番茄對半切開。

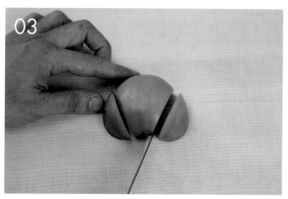

在左、右側約¼處切開。

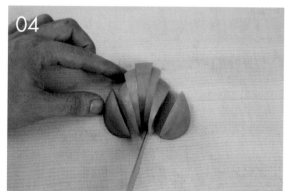

把中間等分切 4 刀,分成 5 片。

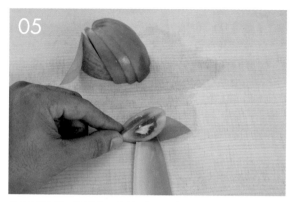

把兩側的番茄切開外皮,將皮向外翻捲。

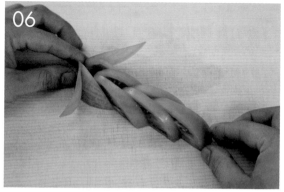

將作法 5 切好的番茄排好,再把中間的番茄片向前排開,依相同手法把另一半番茄也切好,用相對角度排出即可。

延伸變化
對開盤飾

▶材料　　　　▶工具　　　▶盤飾材料

牛番茄 2 顆　　西式切刀　　柳丁 6 片

小黃瓜 12 片

紅櫻桃 3 顆

作法

將牛番茄蒂頭拔除。

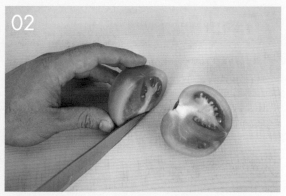

用西式切刀將牛番茄對半切開。

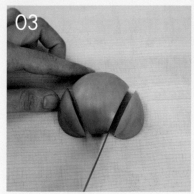

在左、右側約 ¼ 處切開。

把中間等分切 4 刀，分成 5 片，最中間的番茄片取出不使用。

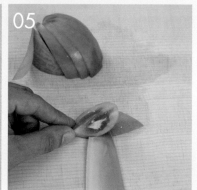

再把左右等分的番茄切開外皮，將皮向外翻捲。將切好的番茄分成左右 2 邊，以張開的角度擺盤。重複上述作法，雕完另一顆牛番茄。

蓮花盤飾

▶材料
牛番茄 1 顆

▶工具
西式切刀

▶盤飾材料
苜蓿芽適量
紅櫻桃 1 顆

作法

將牛番茄蒂頭拔除。

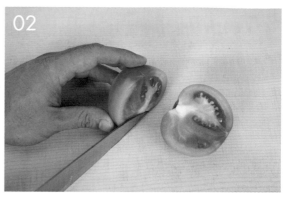

用西式切刀將牛番茄對半切開。

半邊再平均切 3 刀，分成 4 等分，1 顆總共切 8 等分。

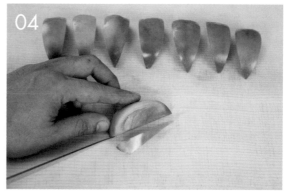

下刀將每片的番茄底部切平。

將每等分都切開表皮至¾處。

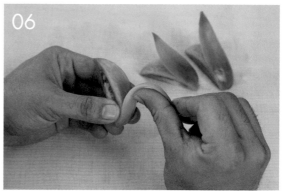

用大拇指及食指將皮向外翻捲，再把每片番茄擺放在盤上圍成一圈即可。

▶材料

牛番茄 1 顆

▶工具

西式切刀
雕刻刀
小圓槽刀
牙籤

▶盤飾材料

南瓜絲適量
韭菜花 2 根
玉米筍 1 條
鴻喜菇 1 條
金桔 4 個
小紅、白蘿蔔各 1 個

Tips：花籃的內容物可自由
搭配更換，也可放小菜，或
炸物唷！

作法

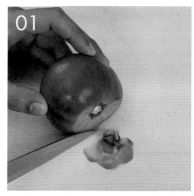

01

鄰近蒂頭處，用西式切刀平切一刀，使其可以平放。

02

在左右高度一半處及上方預留提把寬度約 1.5 公分處，插入牙籤做記號。

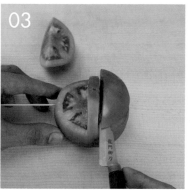

03

用雕刻刀由上方牙籤處下刀直切至高度一半停刀，再由側邊牙籤處平切，去除多餘的番茄。

04

將提柄下面的果肉切取出。

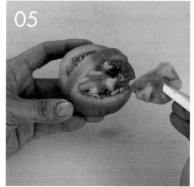

05

再把花籃內的果肉切除後取出來。

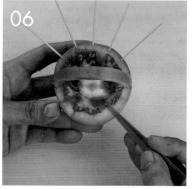

06

用牙籤把半邊番茄分成 6 等分，並修出波浪狀，另外半邊依此雕刻。

07

用小圓槽刀在波浪下方挖出圓柱。

08

在提柄上方兩側刻出 V 形，並稍微切開表皮，即形似緞帶狀。

09

完成花籃，即可進行盤飾。

瓜類

將小黃瓜、大黃瓜、南瓜變化出讓人驚嘆連
連的俏麗花朵、細緻動物，像是菊花、向日
葵、小烏賊、小螃蟹、小蝦，另外還附有許
多款式的盤飾變化類型！

扇形盤飾

▶材料　　▶盤飾材料
小黃瓜 1 條　辣椒 5 片
　　　　　玉米筍 5 片

▶工具
西式切刀
牙籤

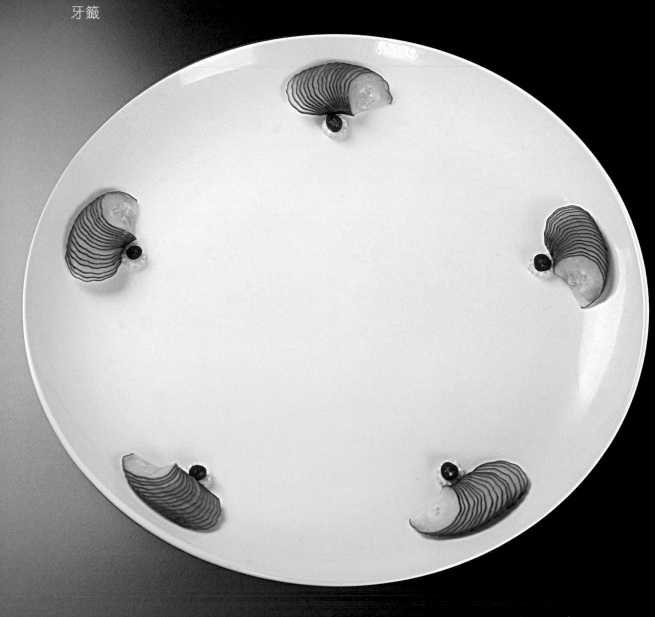

作法

用西式切刀切取一段小黃瓜，在直徑⅕處切一刀，使其可以平放。

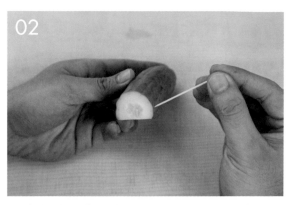

在寬度的⅙處插上牙籤，此為不切斷處。

用西式切刀切薄片，約 0.1 公分，且⅙處不切斷。

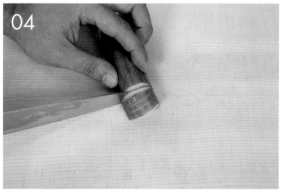

依序切片，厚薄度需一致。

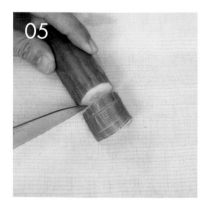

一組共需 16 片，在第 16 刀時切斷。

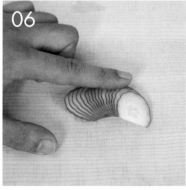

平放在砧板，再用食指輕輕地推開。

完成扇形，即可進行盤飾。

小燈籠盤飾

▶材料　　▶盤飾材料
小黃瓜 1 條　辣椒 6 片
　　　　　玉米筍 6 片

▶工具
西式切刀
牙籤

作法

用西式切刀切取半條小黃瓜，再對半切開。

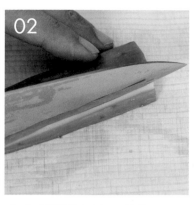

在左側邊沿切出一線條。

右側邊沿也切出一線條。

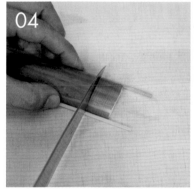

在小黃瓜兩側放上牙籤或竹籤，用切刀切薄片、約 0.1 公分，此時底部沒切斷。

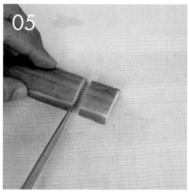

一組共需 12 片，在第 12 刀切斷。

在兩邊的線條內側各直切一刀，但不切斷。

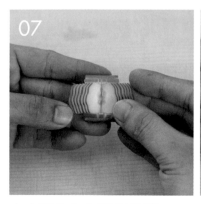

由中間往左右兩側分開，一邊 6 片。

用手指稍微壓一下定型。

完成小燈籠，即可盤飾。

日式扇形盤飾

▶材料

小黃瓜 1 條

▶工具

西式切刀

▶盤飾材料

白蘿蔔絲適量
紅蘿蔔絲適量
苜蓿芽適量
辣椒花 1 朵

Tips：此扇形常被當作訓練刀功的題材之一。在切片的同時，左右手須協調分工，訓練持刀的穩定性，標準的刀功是切完時即能成形。

作法

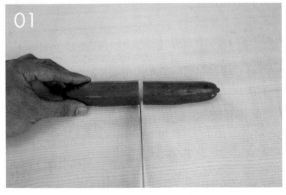

用西式切刀切取小黃瓜，長約 8 ～ 9 公分。

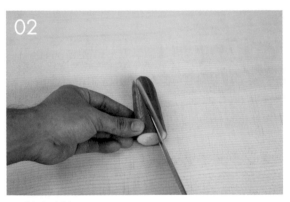

再對半斜切。

將小黃瓜平放，西式切刀以水平角度，向左切開一小段表皮。

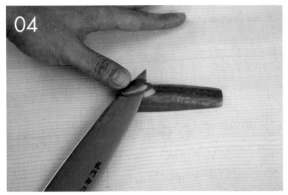

接著切開第 2 片時，左手大拇指要順勢向左攤轉小黃瓜片。

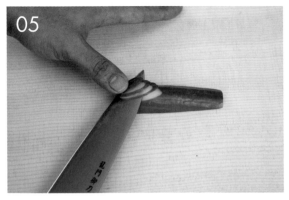

在切片的過程中，須注意左手大拇指的位置，不可以切到手。

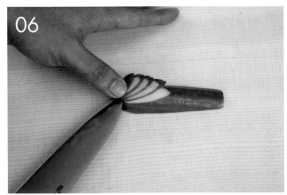

依序切開，向左攤轉小黃瓜片。

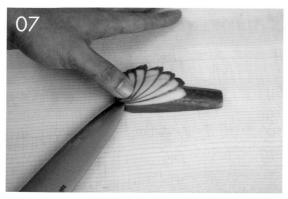

切片的同時，要注意每片的厚薄度須一致。

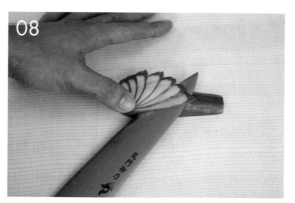

再切開下一片，並注意左手位置。

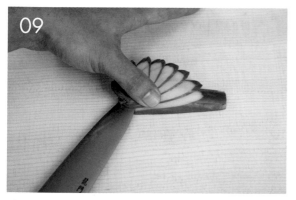

當切刀要切片劃過時，左手大拇指不可以用力壓，會造成阻力。

愈後面的小黃瓜片會愈長。

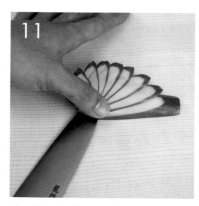

左手大拇指是控制扇形的關鍵因素。

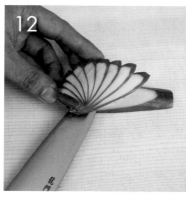

約切至第 10 片即可。

完成扇形，即可進行盤飾。

日式松柏盤飾

▶材料

小黃瓜 1 根

▶工具

西式切刀

▶盤飾材料

韭菜花 3 根
辣椒 3 片
紅蘿蔔絲適量

Tips：此作品要好看的要訣在作法 2 切直密刀時，要切得細密，與作法 5 下刀角度和進出刀流暢度，使葉片能左、右彎。

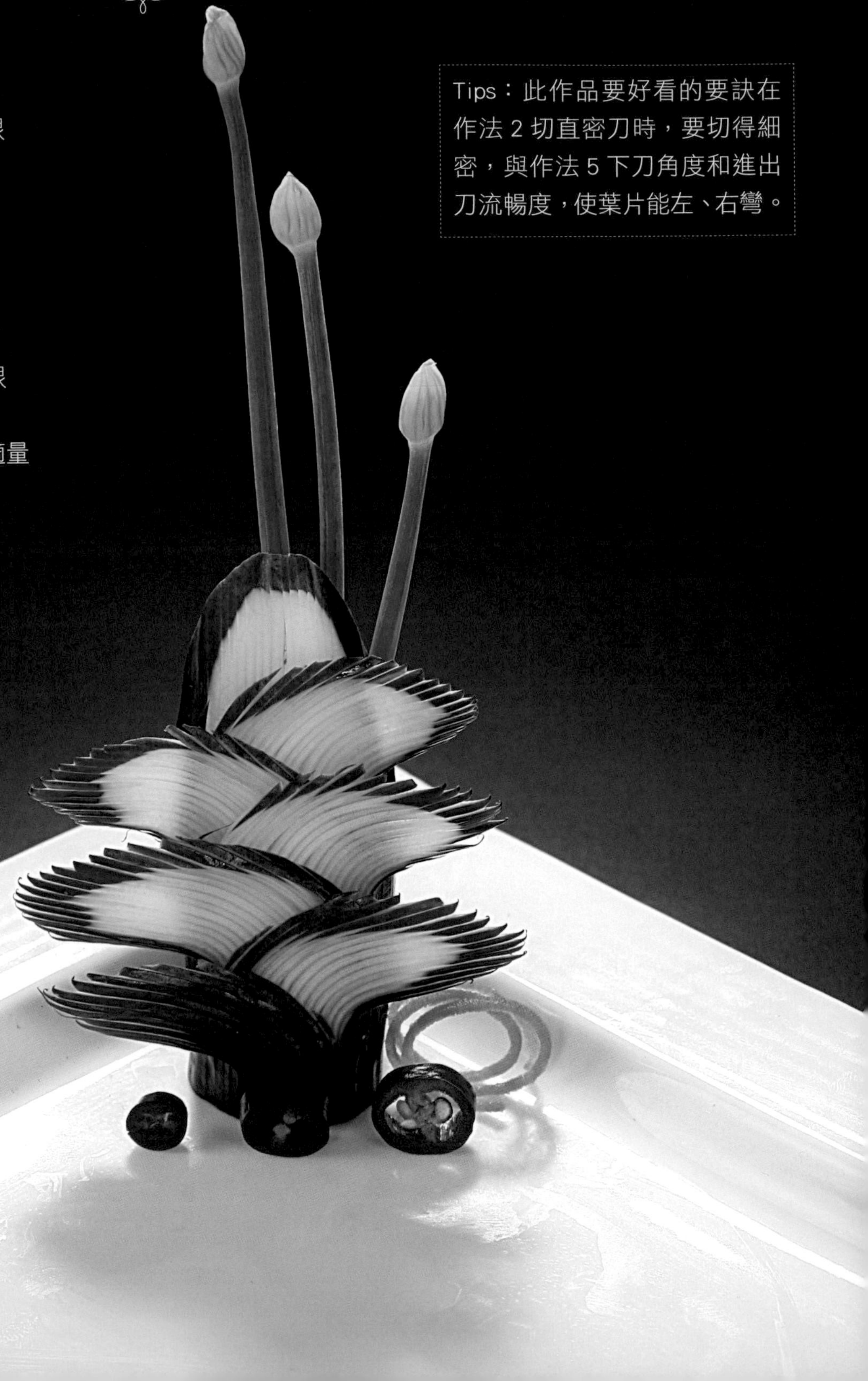

作 法

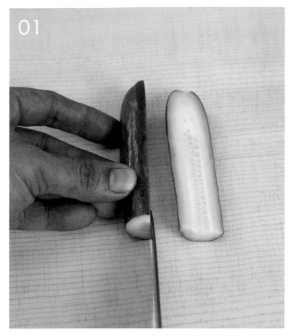

用西式切刀取一段小黃瓜約 7 ～ 8 公分，
再直剖對半切開。

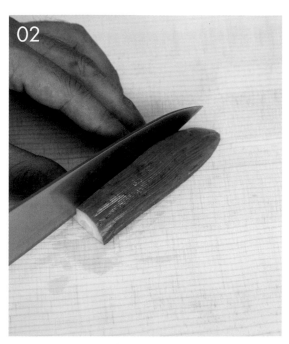

在半圓面上切直密刀。

切的深度約高度的一半。

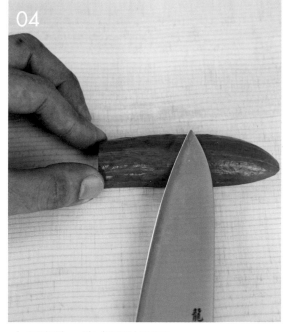

由長度的一半處開始下刀。

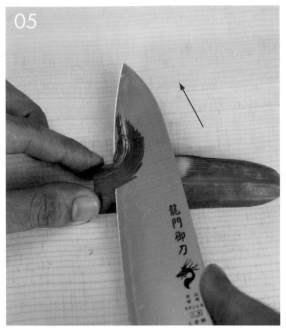

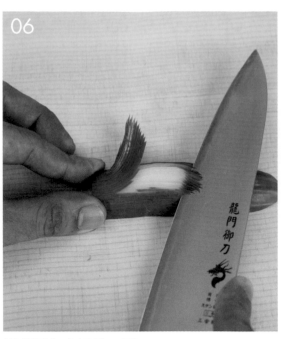

以 5 度角向左斜切，並往上出刀，這樣切出第 1 層葉片可使葉片向左彎。

用相同角度切第 2 層。

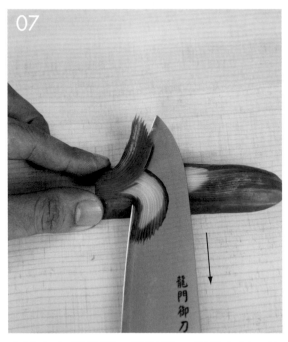

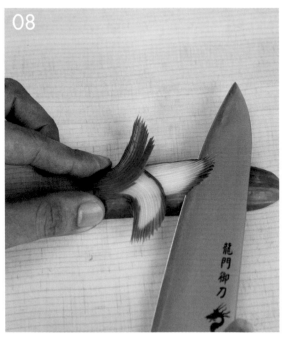

出刀方向須與第 1 層相反，往下出刀，使葉片向右彎。

每 1 層的薄度也要相同。

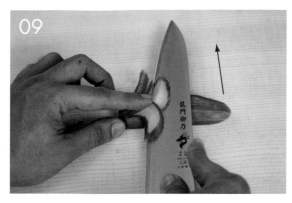

第 3 層要向上出刀，可用左手食指稍微在中間固定切好的葉片。

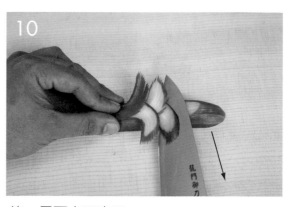

第 4 層要向下出刀。

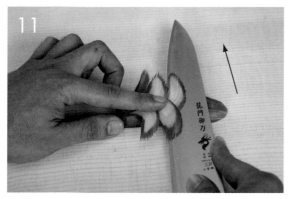

依序完成第 5 層。

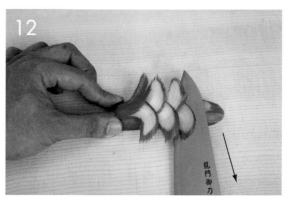

由第 6 層往下出刀，注意進刀與出刀都要流暢。

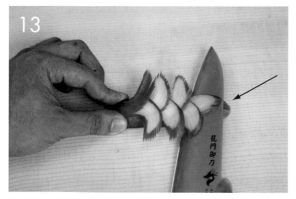

最後一層以斜刀直切，讓第 7 層保持在中間。

完成日式松柏，即可進行盤飾。

小水桶盤飾

▶材料 ▶盤飾材料

小黃瓜 1 條　紅蘿蔔絲適量

牛蒡 2 片

▶工具　小番茄 1 顆

西式切刀

雕刻刀

中圓槽刀

V 型槽刀

牙籤

Tips：用小黃瓜切雕的成品適合當作套餐的盤飾，同樣的手法可應用於大黃瓜上，適合做成宴會大盤的盤飾。

作法

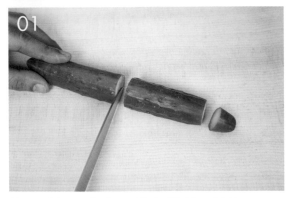

用西式切刀取出一段小黃瓜，長約 7 ～ 8 公分。

在左右高度一半處及上方預留提把寬度約 0.8 公分處插入牙籤做記號。

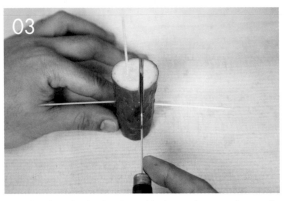

用雕刻刀在上方的牙籤處下直刀，切至高度一半即停刀。

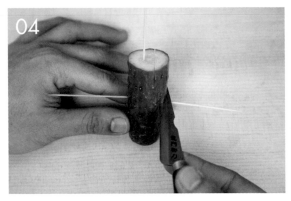

再由左右邊的牙籤處平切進來做連接。

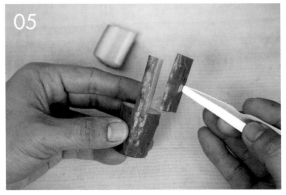

將提把左右邊的小黃瓜取下。

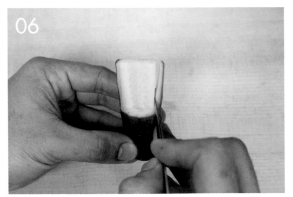

將提把的厚度切出。

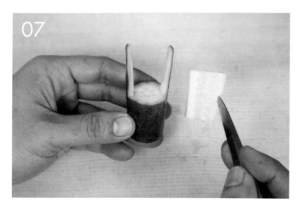

把中間的小黃瓜切除。

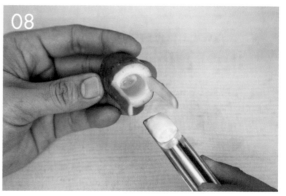

用中圓槽刀挖出圓孔。

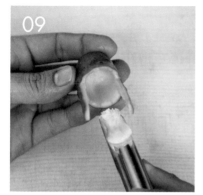

將水桶內壁挖大一點。

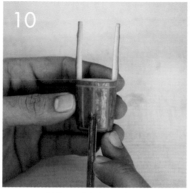

用 V 型槽刀刻出水桶外壁的
線條。

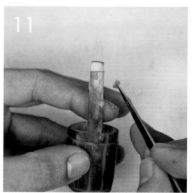

在提把的上方，將小孔挖出
備用。

將作法 5 切取下的小黃瓜，
切成長條狀，來當作水桶的
橫柄。

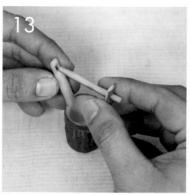

將橫柄裝上，表皮向下，泡
水後會有向上撐開的效果。

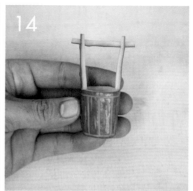

完成後再泡水，讓質地變硬
一些，即可進行盤飾。

小麗菊盤飾

▶材料　▶盤飾材料

小黃瓜 1 條　紅蘿蔔絲適量

▶工具

西式切刀
雕刻刀
中圓槽刀
小圓槽刀

Tips：小黃瓜須挑選中間質地較扎實，才適合作為此造型的素材。

作法

用西式切刀切取一段小黃瓜，約 5 公分。

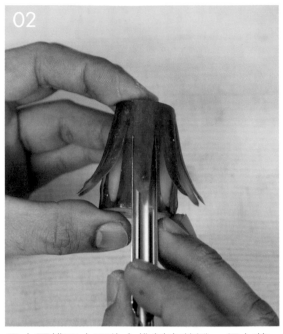

用中圓槽刀由下往上推刻出花瓣，須上薄
下厚，完成第 1 刀後，並在旁邊下第 2 刀，
且刀與刀間要相連，再繞刻一圈。

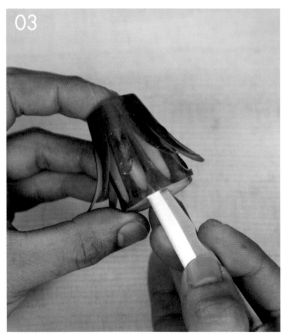

用雕刻刀以垂直角度旋轉繞一圈。

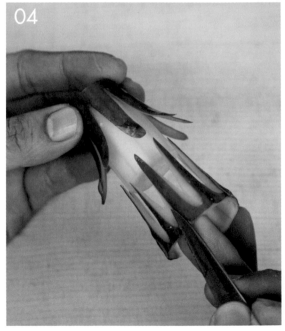

取下第 1 層多餘的表皮。

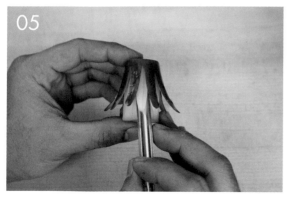

第 1 層花瓣與花瓣的中間為第 2 層花瓣下刀位置，用中圓槽刀依序將花瓣刻出。

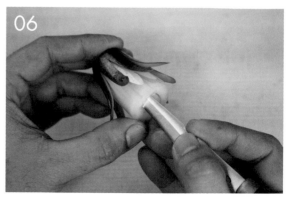

再用雕刻刀修出斜面，下刀的角度須往內倒，繞一圈。

取下第 2 層多餘的小黃瓜。

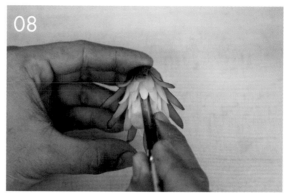

用小圓槽刀，雕刻出第 3 層花瓣。

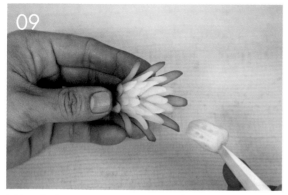

再取出中間多餘的小黃瓜。

完成後再泡水，讓花瓣外翻成形，即可進行盤飾。也可在花蕊處，用紅蘿蔔做點綴。

▶材料　　▶盤飾材料

小黃瓜 1 條　紅蘿蔔絲適量

辣椒花 1 朵

▶工具　　苜蓿芽適量

西式切刀

雕刻刀

大圓槽刀

中圓槽刀

小圓槽刀

牙籤

Tips：一定要參考示意圖上的線條
形狀位置，才能順利的刻出成品。

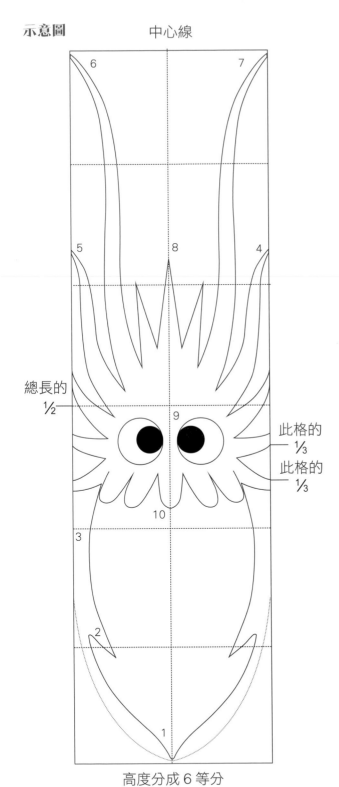

總長的
½

此格的
⅓
此格的
⅓

高度分成 6 等分

註：½、⅓為切雕小黃瓜的座標位置。

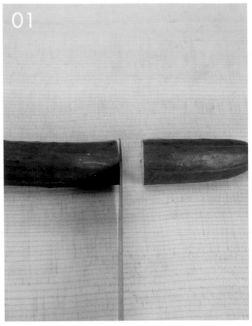

用西式切刀切取一段小黃瓜，長約為
13 ～ 14 公分。

再對半直切。

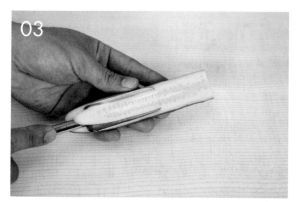

用大圓槽刀把小黃瓜籽去除。

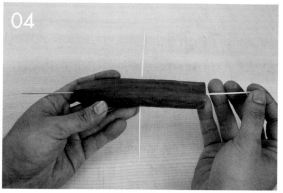

找出水平及垂直線，插入牙籤做記號。

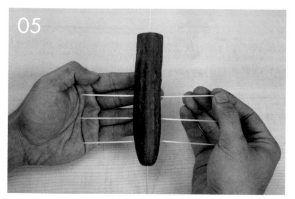

如示意圖，用牙籤分出下面 3 格的位置。

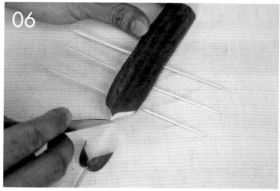

依示意圖線條 1，刻出尾部形狀。

依照示意圖 2 處，用雕刻刀切出尾部與身體的段落。

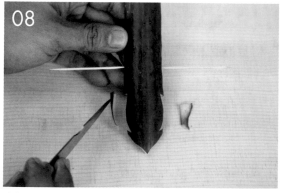

刻出身體的圓弧形狀，如示意圖 3 處。

用西式切刀將身體到尾部位置修薄一些。

依圖解線條 4 的分布，用雕刻刀刻出右邊的觸腳。

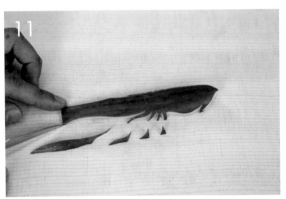

對照示意圖 5 處，再把左邊的觸腳刻出。

大致完成雛形。

再把 2 根最長觸鬚切出，如示意圖 6、7 處。

刻出中間 3 根觸鬚，如示意圖 8 處。

把多餘的小黃瓜去除。

用中圓槽刀在第 4 格等分位置再分成 3 等分，依照示意圖 9 處，鑿出 2 個圓形當作眼睛。

換用小圓槽刀在眼睛內再鑿出 2 個小圓當眼球。

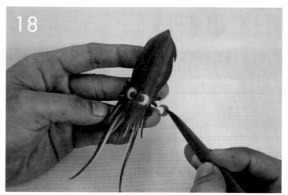

用雕刻刀刻出眼白後，眼睛即完成。

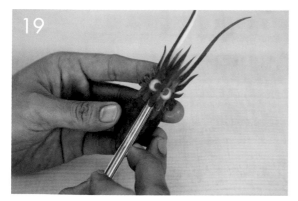

用小圓槽刀在眼睛下面刻出短觸鬚，如示意圖 10 處。

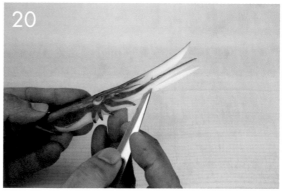

把長觸鬚修薄後，泡水時才會翹起。

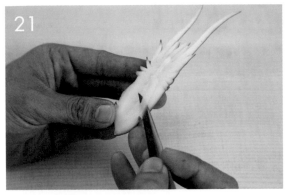

翻面轉至底部，把身體厚度修薄一些。

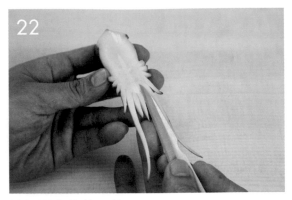

前觸鬚也修薄一些。

完成後，泡入水中。

取作法 1 另一段小黃瓜，用西式切刀在上方斜切一刀。

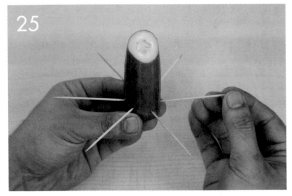

在底部分 6 等分，插入牙籤做記號。

用雕刻刀在表皮上刻出一圈 V 形線條。

由上往下把多餘的表皮修除。

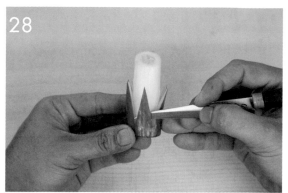

切開 V 形表皮。

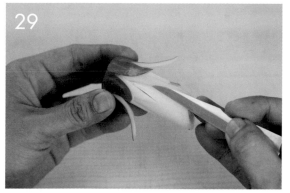

再把內層的 V 形層次修出。

泡水讓表皮外翻。

上方插入牙籤,當作固定的
基座。

把小烏賊插入牙籤固定。

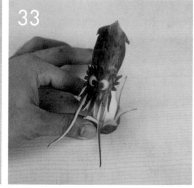

完成小烏賊,即可盤飾。

小螃蟹切雕

▶材料

小黃瓜 1 條

▶工具

西式切刀
雕刻刀
小圓槽刀
Ｖ型槽刀
牙籤

Tips：如果要放大作品，可用大黃
瓜雕製。

1

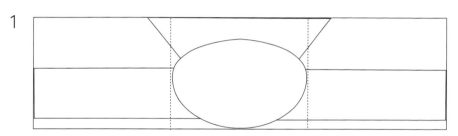

分成 3 等分依圖解線條切下所需位置

2

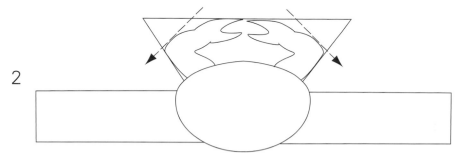

前螯的線條形狀刻出

3

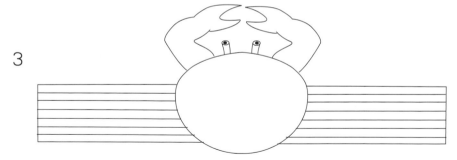

在腳的位置每邊切出 6 刀、再依序摺起，並把眼睛裝上即可

作法

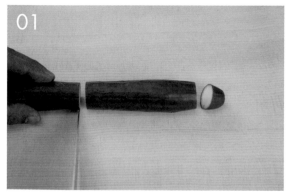

用西式切刀切取一段小黃瓜，約 10 公分。

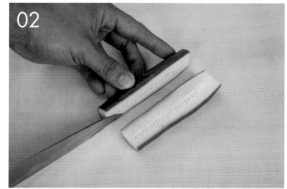

對半切開。

把長度分成 3 等分，並插入牙籤。

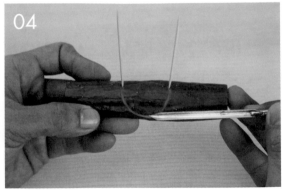

在中間等分用 V 型槽刀刻出蟹殼。

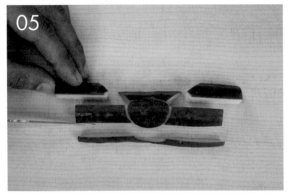

對照示意圖 1，把多餘的小黃瓜切除。

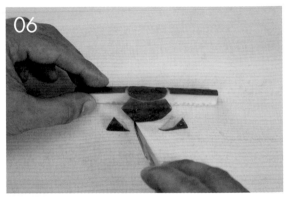

把前螯左右兩端往內切除。

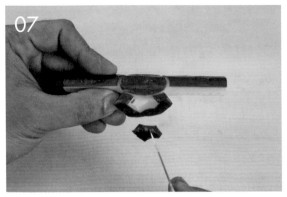

對照示意圖 2，把前螯中間線條刻出。

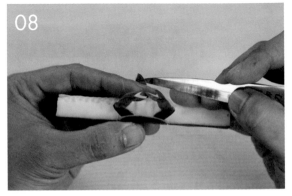

把蟹螯刻出。

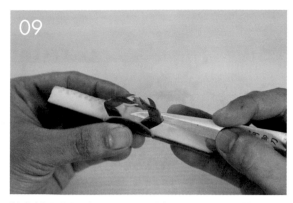

將刻好的蟹螯切開,並把下面的小黃瓜切除掉。

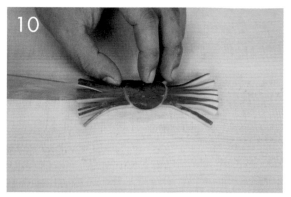

對照示意圖 3,把蟹腳切出,一邊切 6 刀,共 7 片。

分別把第 2、4、6 片往內摺起。

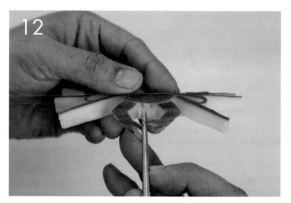

用小圓槽刀把眼睛的孔挖出。

取作法 1 切取剩餘的小黃瓜,用小圓槽刀挖出圓柱形當作眼睛。

將挖好的眼睛,裝進小螃蟹的眼睛孔。

完成小螃蟹。

小蝦切雕

示意圖

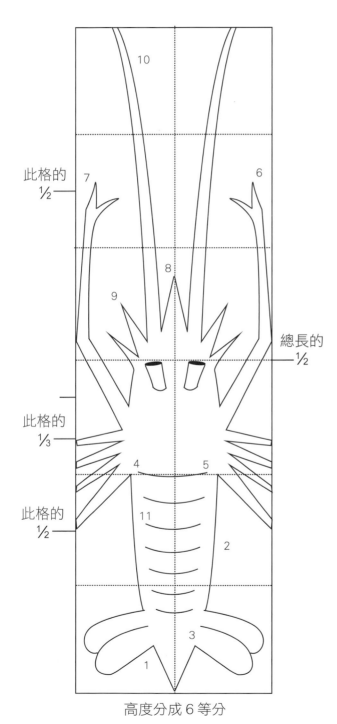

此格的 ½

此格的 ⅓

此格的 ½

總長的 ½

高度分成 6 等分

註：½、⅓為切雕紅蘿蔔的座標位置。

作 法

用西式切刀切取出一段小黃瓜，長約為 14～15 公分。

再對半切開。

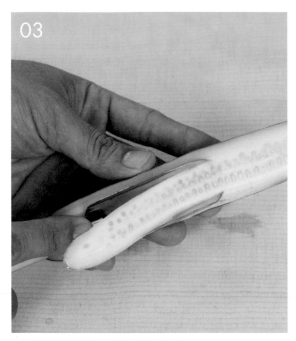

用大圓槽刀把小黃瓜籽去除。

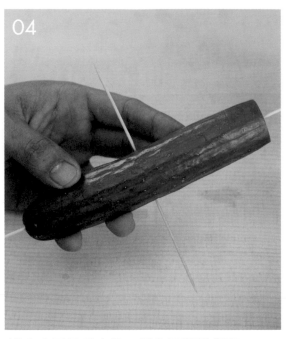

找出水平及垂直線，插入牙籤做標記。

對照示意圖，並用牙籤分隔出下面 3 格的
位置。

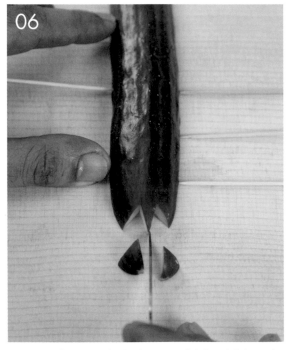

再依示意圖 1 的線條，用雕刻刀刻出尾部
形狀。

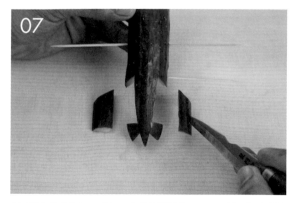

依照示意圖 2 處,在下面第 1、2 格切出尾部與身體的段落。

刻出尾巴線條,如示意圖 3 處。

對照示意圖 4 的線條形狀,再刻出左邊的蝦腳。

對照示意圖 5 處,把右邊的蝦腳刻出。

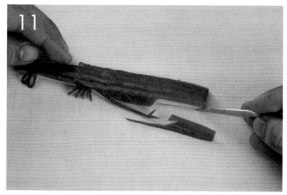

依照示意圖 6 處,刻出右邊的前夾。

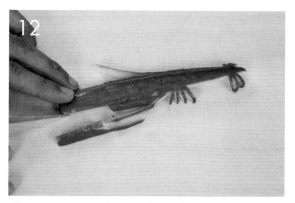

依照示意圖 7 處,把左邊的前夾刻出。

對照示意圖 8 處，先輕劃出頭部尖角及蝦
鬚線條。

下刀先把頭部的尖角刻出，如示意圖 9 處。

接著刻出蝦鬚。

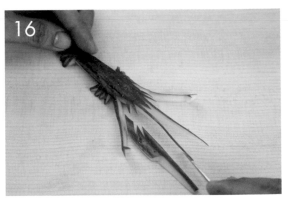

把另一邊也同作法 14 來雕刻。

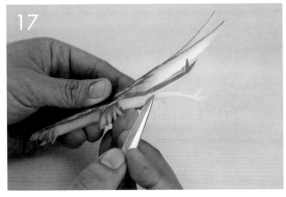

把前夾下方的小黃瓜修除打薄。

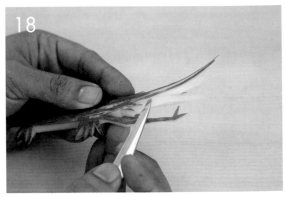

再把蝦鬚下方的小黃瓜修除，泡入水中才
會翹起。

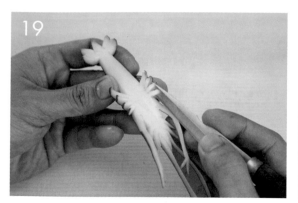

翻面轉至底部，把底部的厚度修薄。

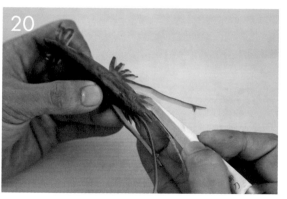

下刀把頭的尖角切開。

對照示意圖 11 處，將蝦背的紋路刻出。

在蝦頭前端用小圓槽刀把眼睛孔挖出。

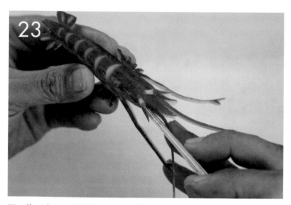

取作法 1 切取剩餘的小黃瓜，用小圓槽刀
挖出圓柱形，裝進眼睛孔。

完成小蝦。

小黃瓜盤飾變化應用

切片圍邊 1

切片圍邊 2

切片圍邊 3

切片圍邊 4

鞭炮盤飾

圓片三角

扇形五角

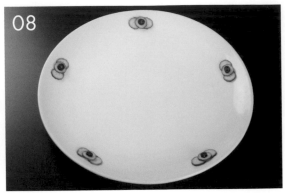

圓片五角 1

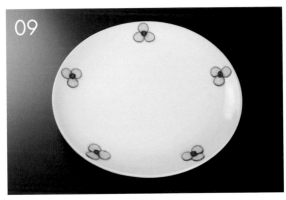

圓片五角 2

大蝴蝶盤飾

小蝴蝶盤飾 1

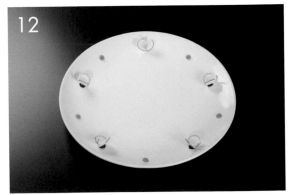

小蝴蝶盤飾 2

小壽桃盤飾

心形對角

小南瓜盤飾

石磨造型盤飾

小蝦造型盤飾

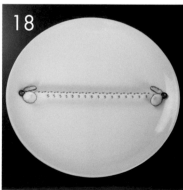

小圓雙拼盤飾 1

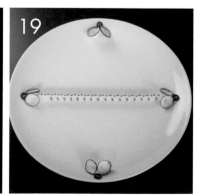

小圓雙拼盤飾 2

黃瓜排盤飾

▶材料　**▶盤飾材料**

大黃瓜 1 條　紅蘿蔔絲適量
　　　　　　辣椒花 1 朵

▶工具　　鴻喜菇 2 朵

西式切刀　　玉米筍 2 小段
竹籤　　　　甜豆籽 1 粒

Tips：第 1 刀一定要以 40 度角斜切，
使斜面長度夠長，會比較好摺。基本
款的刀數都是以單數為準，如第 11
刀切斷；如果瓜排層次要少一點，可
以在第 9 刀就切斷。

作法

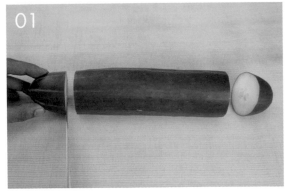

用西式切刀將大黃瓜的頭尾切除。

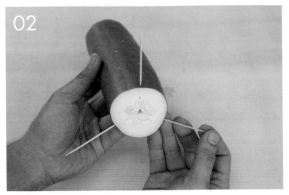

把大黃瓜分成 3 等分，插入牙籤做記號。

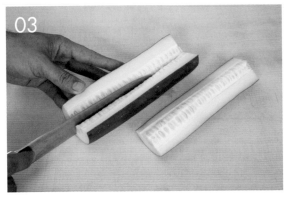

用西式切刀依牙籤處下刀至中心點，切成 3 等分。

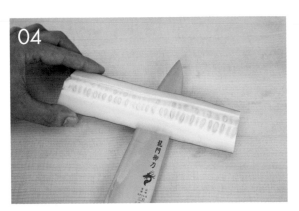

取一塊大黃瓜，將其籽切除。

在大黃瓜的右側以 40 度角斜切一刀。

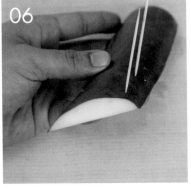

在斜面長度的 1/5 處插上牙籤做記號，此處為不切斷處。

下刀將第 1 片切出，切至牙籤處即可，厚約 0.1 公分。

依序切 10 刀且不切斷，至第 11 刀切斷，完成**黃瓜排基本款型**。（其他黃瓜排造型都是由此延伸變化）

將大黃瓜翻面表皮朝下，由不切斷處下刀切開表皮。

切至外輪廓的¾處停刀。

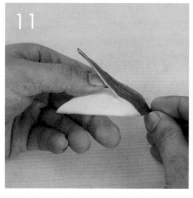

完成切開表皮的動作後，把左大拇指放進表皮下，撐開表皮。

把第 1 片往右攤開，用左手大拇指及食指夾住固定，使中間留有空隙方便摺下一片黃瓜。

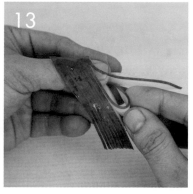

將第 2 片往內摺塞入第 1 片的內側，並固定好。

依相同摺法，將後面的葉片摺入並固定。

完成黃瓜排造型。

將成品泡水待翹起，即可進行盤飾。

黃瓜排盤飾

▶材料　　　▶工具　　　▶盤飾材料

大黃瓜 1 條　西式切刀　紅蘿蔔絲適量
　　　　　　竹籤　　　辣椒花 1 朵
　　　　　　　　　　　甜豆籽 3 粒
　　　　　　　　　　　南瓜絲適量

作法

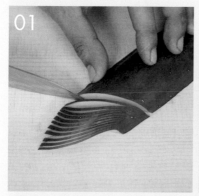
先將大黃瓜切取出黃瓜排基本款型（可參考 P244 作法 1～8）。

用西式切刀由不斷處下刀切開表皮，切至外輪廓的¾處停刀。

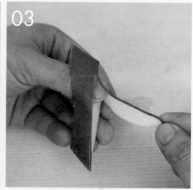
把第 1 片往右攤開，並用左手大拇指及食指夾住固定。

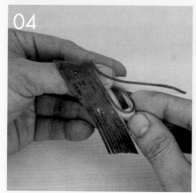
將第 2 片往內摺塞入第 1 片的內側，並固定好。

以間隔方式摺出，就是一片不摺、下一片摺起。

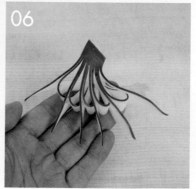
完成黃瓜排，即可盤飾。

▶**材料**　▶**工具**　▶**盤飾材料**

大黃瓜 1 條　西式切刀　辣椒花 1 朵
　　　　　　竹籤　　　紅蘿蔔絲適量
　　　　　　　　　　　巴西里 1 小株
　　　　　　　　　　　蝦夷蔥 3 支
　　　　　　　　　　　南瓜絲適量

作法

01

先將大黃瓜切取出黃瓜排基本款型（可參考 P244 作法 1 ～ 8）。由外側長度的一半處下刀，向左切開表皮至底部。

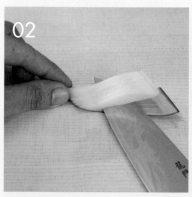

02

將黃瓜翻面表皮朝下，由不斷處下刀片開表皮，切至外輪廓的 ¾ 處停刀，此時要注意須避開第 1 刀。

03

留意不要切斷到第 1 刀。

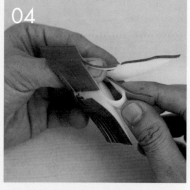

04

將第 2 片往內摺入第 1 片的內側，並固定好。

05

依序將葉片摺入固定。

06

完成黃瓜排睫毛造型。

07

最後將成品泡水翹起即可進行盤飾。

長睫毛盤飾

▶材料　　　▶工具　　　▶盤飾材料

大黃瓜 1 條　西式切刀　辣椒花 1 朵
　　　　　　竹籤　　　紅蘿蔔絲適量
　　　　　　　　　　　巴西里 1 小株
　　　　　　　　　　　蝦夷蔥 3 支
　　　　　　　　　　　南瓜絲適量

作法

先將大黃瓜切取出黃瓜排基
本款型（可參考 P244 作法
1～8）。

第 1 刀由切斷處下刀，切開
表皮至長度一半停刀。

再翻面由不斷處下刀切開
表皮，切至外輪廓的¾處停
刀，此時須避開第 1 刀。

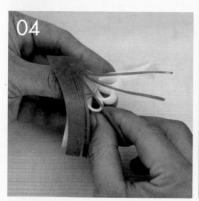

將葉片往內摺入內側，並固
定好。

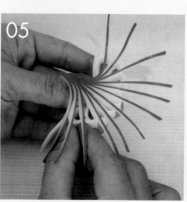

依序將葉片摺入固定。

完成後，泡水翹起即可進行
盤飾。

延伸變化

雙層盤飾

作法

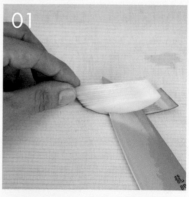

01

先將大黃瓜切取出黃瓜排基本款型（可參考 P244 作法 1～8）。將黃瓜翻面表皮朝下，由不斷處下刀切開表皮至外輪廓的¾處停刀。

▶**材料**

大黃瓜 1 條

▶**工具**

西式切刀
牙籤

▶**盤飾材料**

辣椒花 1 朵
紅蘿蔔絲適量
南瓜絲適量
巴西里 1 小株
蝦夷蔥 3 支

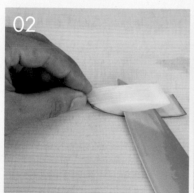

02

以相同刀法切開第 2 層，至¾處停刀。

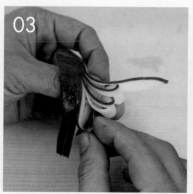

03

將葉片往內摺入內側，並固定好。

04

將葉片全部摺入後固定。

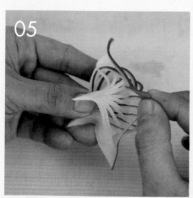

05

抓取第 1 層表皮。

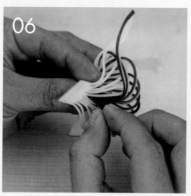

06

塞入第 2 層的間隙中架住。

07

完成後，泡水翹起即可進行盤飾。

扇形盤飾

作法

01

▶材料
大黃瓜 1 條

▶工具
西式切刀
牙籤

▶盤飾材料
辣椒花 1 朵
紅蘿蔔絲適量
南瓜絲適量
巴西里 1 小株
蝦夷蔥 3 支

先將大黃瓜切取出黃瓜排基本款型（可參考 P244 作法 1 ～ 8）。將黃瓜翻面表皮朝下，由不斷處下刀。

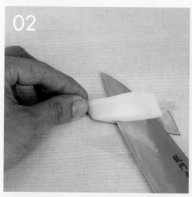
02

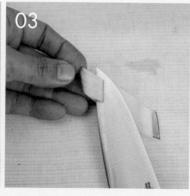
03

04

切開表皮切至外輪廓的¾處停刀。

接著在左側約 1.5 公分處，往下切一刀但不切斷。

攤開葉片。

05

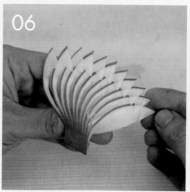
06

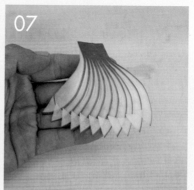
07

將最左側的葉片前端切角，向上架在第 2 片上方。

以相同的摺法，將所有的切角架上。

完成後，泡水翹起即可進行盤飾。

反摺扇盤飾

Tips：以上為黃瓜排造型的變化，你也可以嘗試改變，以不同的下刀順序或下刀的位置，所摺出的瓜排作品就會有所不同。

▶材料　▶工具

大黃瓜 1 條　西式切刀
　　　　　　牙籤

▶盤飾材料

辣椒花 2 朵
紅蘿蔔絲適量
南瓜絲適量
蝦夷蔥 3 支

作法

先完成黃瓜排造型（可參考
P244 作法 1 ～ 15）。

把最右側的葉片摺入塞好。

用左手食指把第 1 片塞入的
葉片頂出。

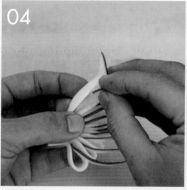

用右手把頂出的葉片抓出。

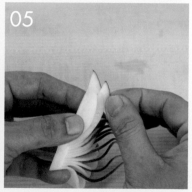

抓出之後，架在第 1 片的缺
口上排好。

重複作法 3 ～ 5，依序拉出
並架好葉片。

全部架好的樣子。

翻面之後即為成品，再泡水
翹起即可進行盤飾。

立扇盤飾

▶**材料**

大黃瓜 1 條
辣椒 1 條

▶**盤飾材料**

辣椒花 1 朵
巴西里 1 小株
南瓜絲適量

▶**工具**

西式切刀
牙籤
剪刀

作法

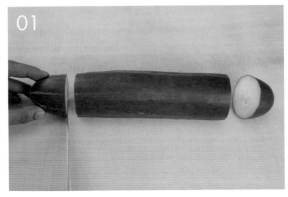

用西式切刀將大黃瓜頭尾切除。

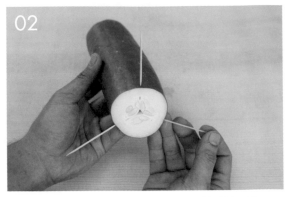

把大黃瓜分成 3 等分，插入牙籤做記號。

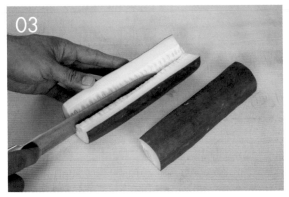

依牙籤處下刀至中心點，把大黃瓜切分 3
等分。

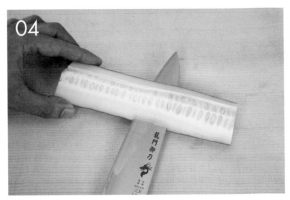

取一塊大黃瓜，將籽切除。

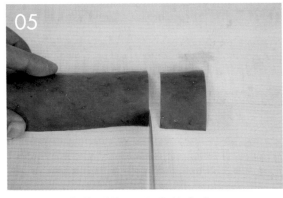

切取一段大黃瓜約 3 公分的寬度。

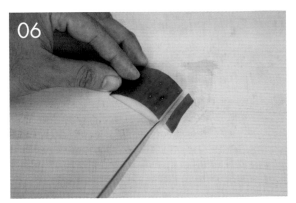

接著在右側約 1 公分處，切一刀。

切約 0.2 公分厚的薄片，共切 10 片。

用手平均將葉片攤開成扇形。

底部用牙籤穿插固定。

預留一小段牙籤插辣椒片用，多餘的部分剪掉。

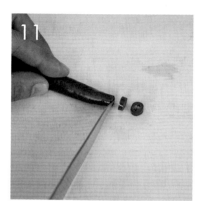

切取 2 片辣椒。

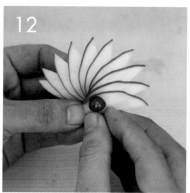

將辣椒片一前一後分別插在牙籤上。

完成立扇造型，即可以進行盤飾。

蓮花盤飾

▶材料　　▶盤飾材料
大黃瓜1條　辣椒3片
　　　　　玉米筍3片

▶工具
西式切刀
牙籤

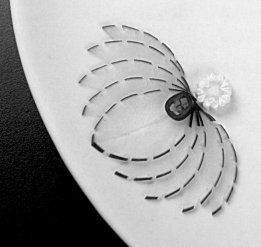

作法

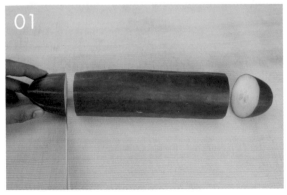

用西式切刀將大黃瓜頭尾切除。

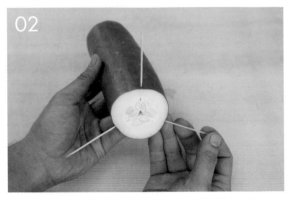

把大黃瓜分成 3 等分，插入牙籤做記號。

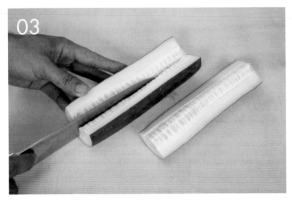

依牙籤處下刀至中心點，把大黃瓜切分 3 等分。

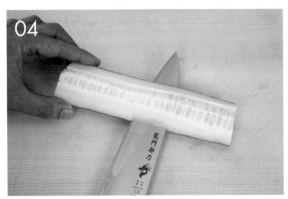

取一塊大黃瓜，將籽切除。

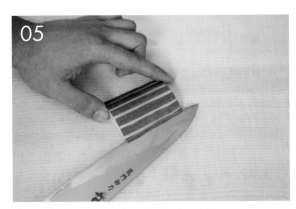

在表皮上等距切出 V 型鋸齒線條。

在表皮長度的 ¼ 處，插上牙籤做記號，此處為不切斷處。

切出約 0.1 公分的薄片。

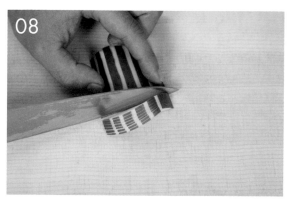

依序切 6 刀且不切斷，在第 7 刀切斷，1 組共 7 片。

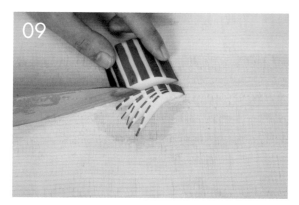

再切出第 2 組。

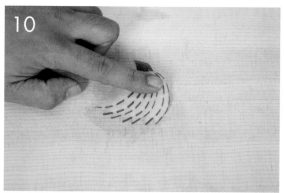

將切好的瓜排放在砧板上，用食指輕輕推開，2 組須推不同方向。

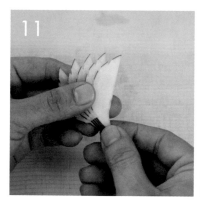

用手將左邊的瓜排調整好間距位置。

換調整右邊。

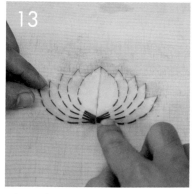

將 2 邊對稱相連排好，即可進行盤飾。

平面花葉盤飾

▶材料

大黃瓜 1 條
紅蘿蔔 1 條

▶工具

西式切刀
竹籤
雕刻刀

作法

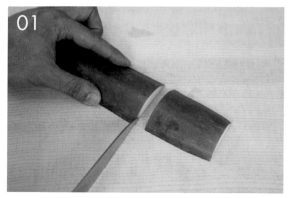

用西式切刀將大黃瓜頭尾切除,再切分成
3 等分。取 1 塊大黃瓜,將籽去除(可參
考 P264 作法 1～4),再切取大黃瓜,長
約 6 公分。

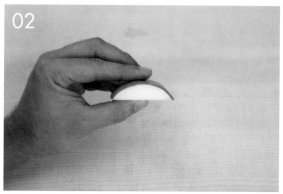

側面的高度約為 1.5 公分,而左右兩側則
為尖角。

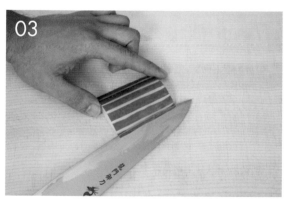

在表皮上切出等距離的 V 型鋸齒線條。

圖為 V 型鋸齒線條的側面圖。

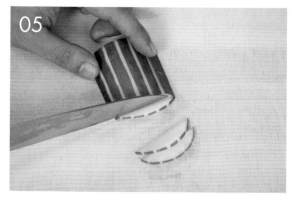

切取薄片作為花瓣,第 1 刀底部不切斷。

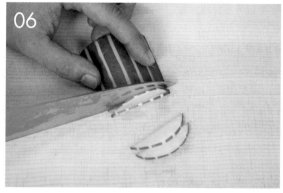

第 2 刀再切斷,2 片為 1 組,1 朵花須有 8
組花瓣。

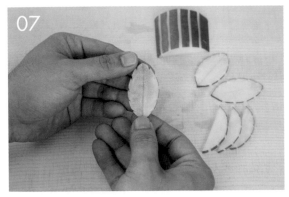

將薄片向外攤開，即成花瓣。

取另一段大黃瓜，並取下表皮。

在表皮上刻出花梗備用。

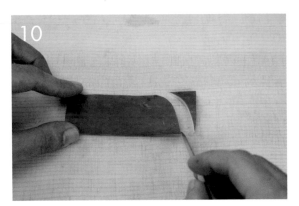

向右刻出葉子弧度。

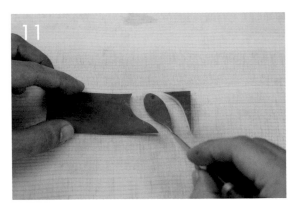

再向左切出成形。

在葉片上刻出葉脈，共 4 片，即可擺盤。

先把花梗擺上，並在上方放上第 1 片花瓣。

以重疊¼繞圓擺放上 8 片花瓣。

以相同手法再排第 2 朵花。

再放上刻好的綠葉，調整好高度位置。

另取紅蘿蔔，先切絲再切成末狀。

將切好的紅蘿蔔末擺在花朵中間處，當成花蕊即完成。

花朵盤飾

▶材料

大黃瓜 1 條
紅櫻桃 1 顆

▶工具

西式切刀
牙籤

Tips： 花瓣上的綠點要剛好
在轉彎處，花朵才會好看。

作法

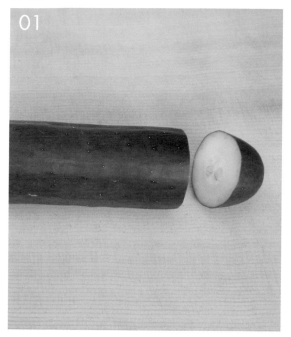

用西式切刀將大黃瓜頭尾切除。

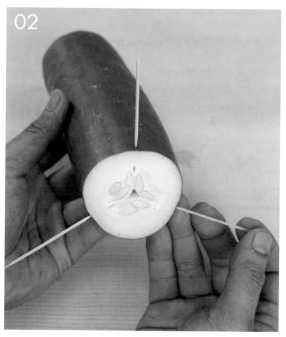

把大黃瓜分成 3 等分，插入牙籤做記號。

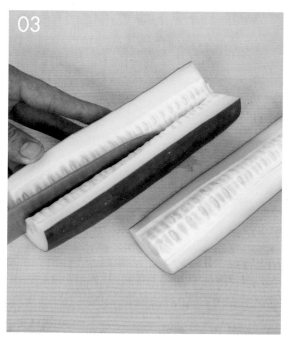

依牙籤處下刀至中心點，把大黃瓜分 3 份。

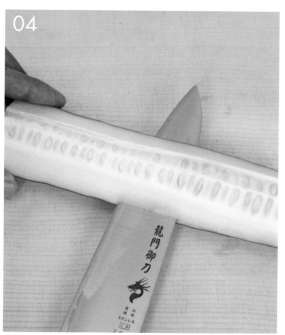

取一份大黃瓜，將籽切除。

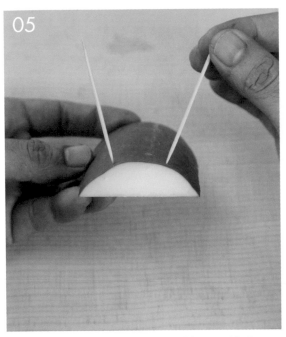

切取一段長約 8 公分，用牙籤分 3 等分。

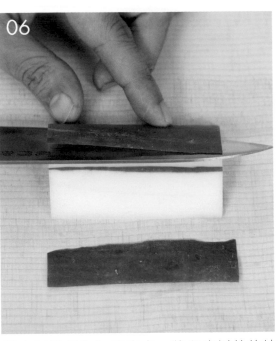

選支牙籤處作為留皮處，將留皮以外的地方切除。

在留皮的另一側，約外圍長度的¼處插上牙籤做記號，此處為不切斷處，切出約 0.1 公分的薄片。

依序切 6 刀，且不切斷，在第 7 刀切斷，1 組共 7 片，須切 2 組。

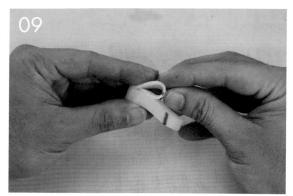

把第 1 片往內摺起，先固定住。

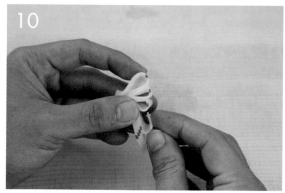

第 2 片再往第 1 片處摺入，注意表皮要剛好在轉彎處。

依第 2 片相同方向，將其他葉片摺好固定。

並把尾端切平，避免連接處有縫隙。

將 2 個摺好的花朵相連排成一圓形，再擺上用表皮刻好的花梗及綠葉（花梗、綠葉可參考 P268 作法 8 ～ 12）。

調整好角度，最後在花蕊處放上半粒紅櫻桃即可。

大麗菊切雕

▶ **材料**
大黃瓜 1 條

▶ **工具**
西式切刀
中圓槽刀
小圓槽刀
雕刻刀

▶ **盤飾材料**
柳丁 8 片
大黃瓜片適量
辣椒 6 片
紅蘿蔔末適量

Tips：大黃瓜須挑選中間質地扎實，才適合當此造型的素材。

作法

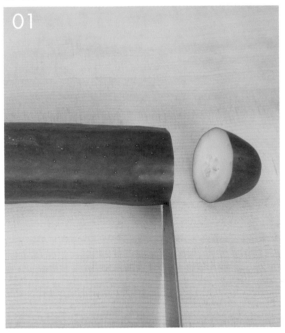

用西式切刀切取大黃瓜頭段，長約 4 ～ 5
公分。

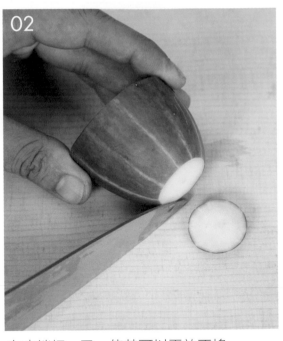

在尖端切一刀，使其可以平放不搖。

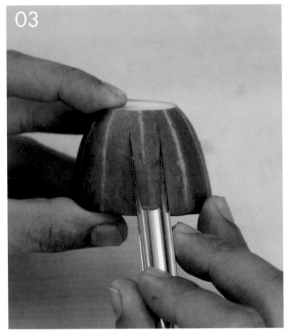

採尖端朝上的拿法，用中圓槽刀由下往上
推刻表皮作為花瓣，須上薄下厚，至高度
的 1/5 處停刀。

完成第 1 刀後，並在旁邊刻出第 2 刀，且
刀與刀的底部要相連接。

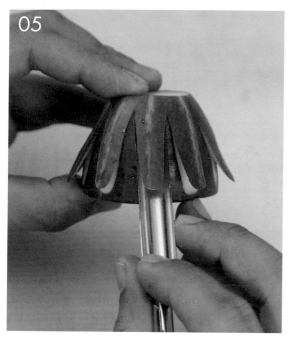

依序繞刻一圈，完成第 1 層花瓣。

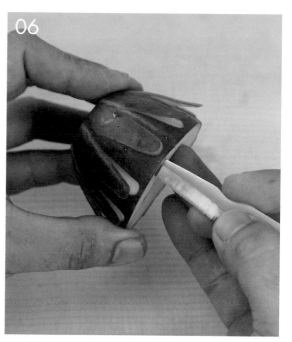

用雕刻刀將多餘的表皮下刀旋轉修一圈。

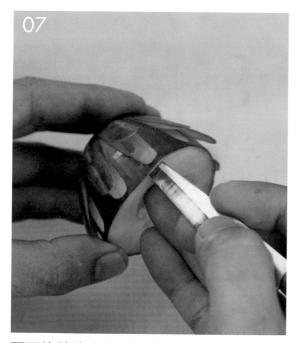

下刀旋轉修表皮時，此時雕刻刀要以上下如畫波浪狀的方式運刀，使刀尖可避開花瓣，不會切斷。

順利取出第 2 層多餘的表皮。

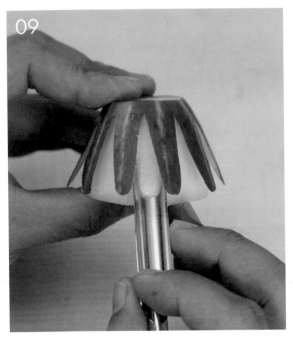

第 1 層的每 2 片花瓣中間為下層花瓣的下刀位置，依序將花瓣用中圓槽刀刻出。

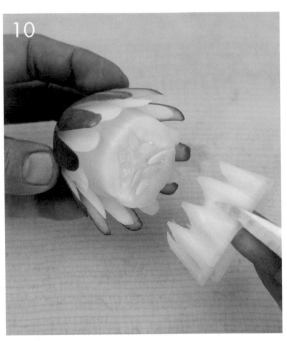

用雕刻刀以垂直角度繞一圈，修出圓柱狀，取出多餘的大黃瓜。

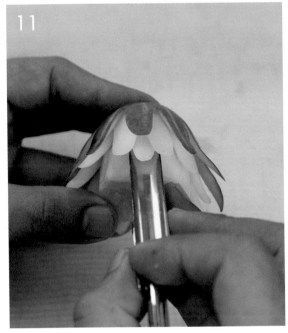

在每 2 片花瓣中間下刀刻出第 3 層花瓣。

雕刻刀角度向內斜傾約 110 度，繞一圈並取出第 4 層多餘的小黃瓜。

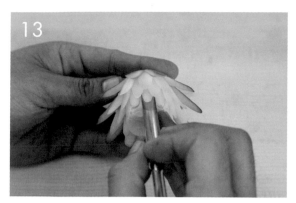

可換小圓槽刀並刻出花瓣。

刻刀向內斜傾約 125 度，繞一圈，並取出第 5 層多餘的小黃瓜。

依序向內刻出花瓣及層次。

刻至最內層時，用小圓槽刀刻出花瓣，槽刀下刀時須同時向外推。

刀尖會向內倒，繞一圈，輕鬆取下中間多餘的小黃瓜。

完成後，再泡水讓花瓣外翻成形，即可進行盤飾。

五瓣花切雕

▶**材料**

大黃瓜 1 條

▶**工具**

西式切刀
雕刻刀
牙籤

▶**盤飾材料**

紅蘿蔔絲適量
柳丁 2 片
裝飾葉子 2 條

角度分析圖

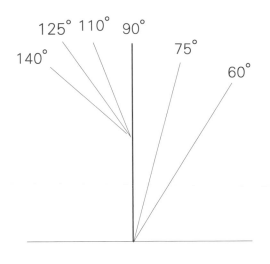

140° 125° 110° 90° 75° 60°

作法

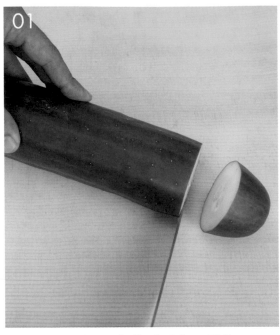

用西式切刀切取大黃瓜頭段,長約 4 ～ 5 公分。

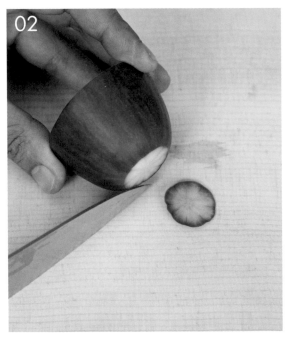

在尖端切一刀,使其可以直立平放不搖。

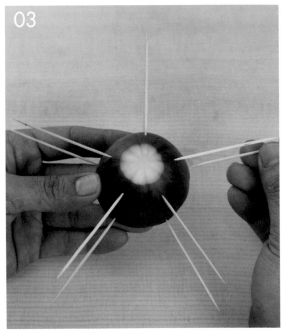

在高度上下各⅙處插上牙籤,並平均分成 5 等分。

在每一個等分內，由上方的牙籤處下弧形
刀，下方的牙籤處出刀，作為第 1 層花瓣
的弧度。

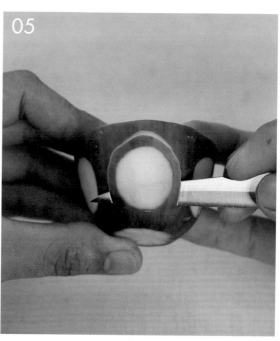

將尖端朝下，用雕刻刀由上而下順著弧度
切出上薄下厚的花瓣，至高度下方的⅙處
停刀。

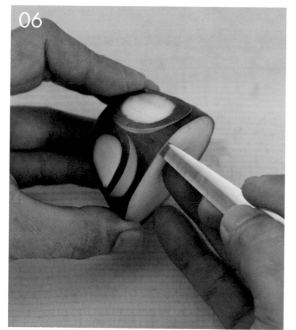

用雕刻刀去除外層多餘的表皮，下刀旋轉
繞一圈。

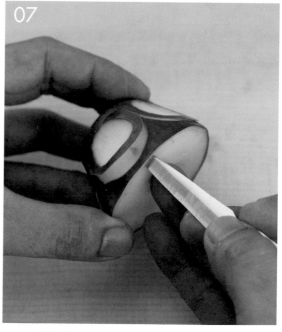

下刀旋轉修表皮時，雕刻刀要以上下如畫
波浪狀的方式運刀，使刀尖避開花瓣，不
會切斷。

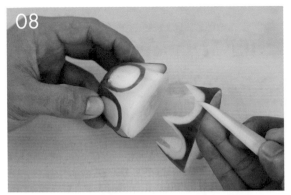

順利取出第 1 層多餘的表皮。

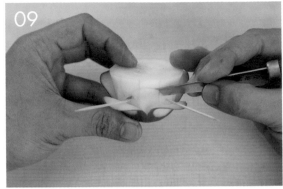

每片花瓣的中心點插入牙籤，2 支牙籤的中間為第 2 層花瓣的下刀位置，下刀角度約 70 度，依序刻出 5 片。

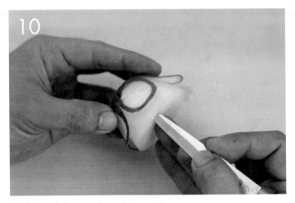

雕刻刀以 90 度，繞一圈。

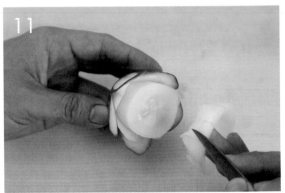

修出圓柱狀，並取出多餘的小黃瓜。

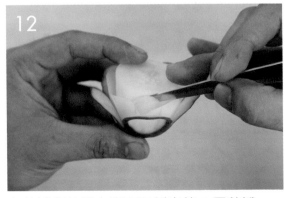

在花瓣與花瓣中間下刀刻出第 3 層花瓣。

雕刻刀角度向內斜傾約 110 度，繞一圈，取出第 3 層花瓣多餘的小黃瓜。

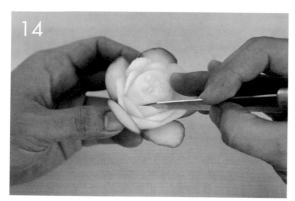

再把第 4 層花瓣刻出。

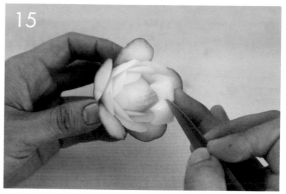

把第 5 層花瓣修出，注意下刀角度為 125 度，須往內倒。

依序向內刻出花瓣。

愈往內層，雕刻刀向內斜傾角度要愈大，如此才會有包合的層次感。

將最內層花瓣刻出。

完成後，再泡水讓花瓣外翻成形，即可進行盤飾。

快速圍盤示範

▶材料

大黃瓜 1 條
柳丁 1 顆

▶工具

西式切刀
中式片刀
刨皮器

Tips：依照作法 4 ～ 7 可以快速切
出薄而排列整齊的黃瓜片。

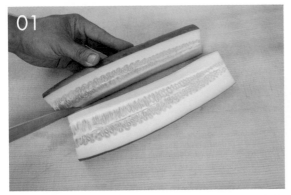

用西式切刀將大黃瓜切去頭尾後，再對半切開。

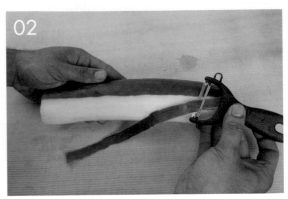

用刨皮器把表皮去除，但須在中間留下一道綠色表皮。

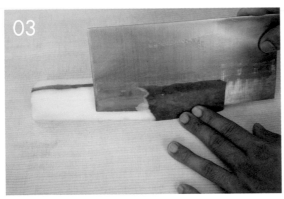

也可用中式片刀直接去除表皮。

刀尖碰到砧板，刀尾微微翹起，片刀與砧板間呈以 10 ～ 15 度斜角切薄片。

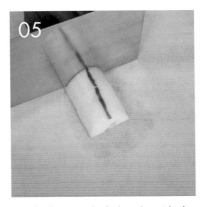

再連續下刀向左切片，注意須保持 10 ～ 15 度斜角，把整條大黃瓜切完，此時黃瓜片底部尚未切斷。

在作法 5 的 15 度高度上，將片刀以水平角度，平剖切開來。

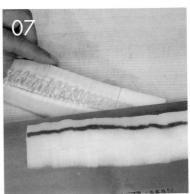

取下黃瓜片，此時的黃瓜片已是切斷的。

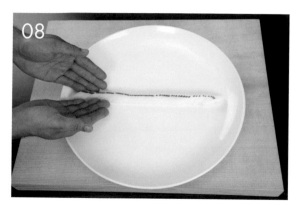

將取下的黃瓜片，放在盤上直線推拉開。

接著配合旋轉盤子，將黃瓜片排出圓形。

完成圓形。

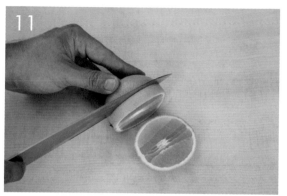

用西式切刀切取柳丁，保留中間一段，再切下兩側。

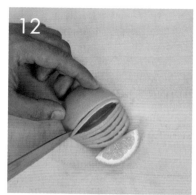

取兩側切下的柳丁，西式切刀以 10 ～ 15 度斜角切薄片，可使柳丁片不黏刀。

將柳丁片以交疊¼處的排法，在黃瓜片旁排繞一圈。

完成快速圍邊盤飾。

延伸變化
心形盤飾

▶材料　　　▶工具　　　▶盤飾材料

大黃瓜 1 條　西式切刀　五瓣花 1 朵
柳丁 1 顆　　中式片刀　辣椒花 1 朵
　　　　　　刨皮器

作法

先完成快速圍盤（可參考 P288 作法 1～10），用手指在圓的上方往下推。

另一隻手將中間下方的黃瓜向下拉。

把下方的黃瓜拉出尖角。

再上下左右調整好位置，完成心形的形狀。

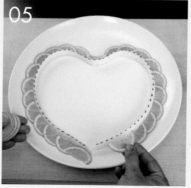

將切好的柳丁片，順著黃瓜邊交疊排出，但在心形的下方尖角的兩片柳丁片要以反方向排入。

完成後，即可進行盤飾。

大黃瓜盤飾變化應用

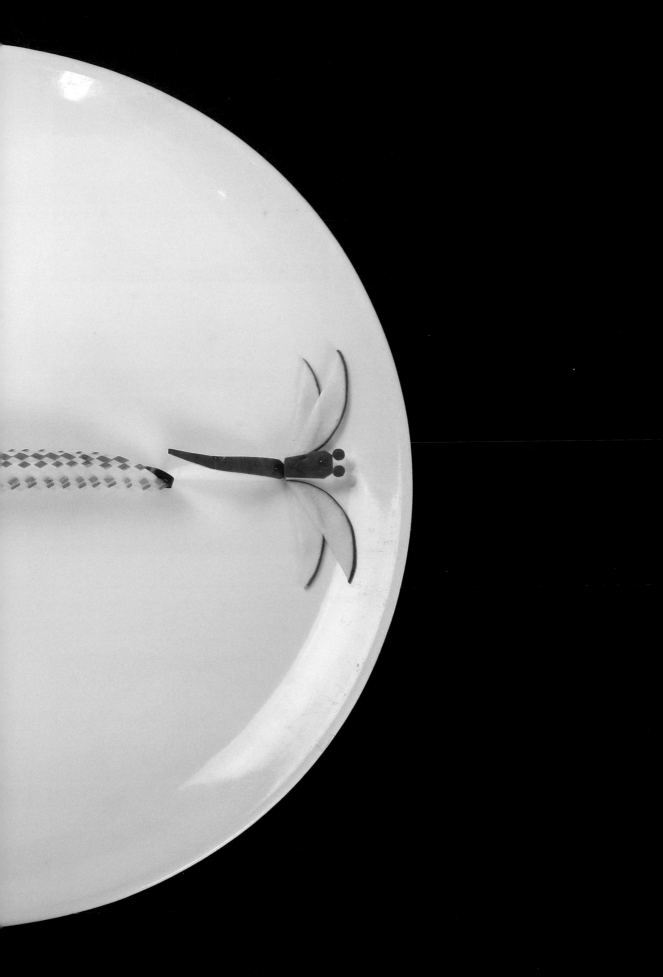

作法

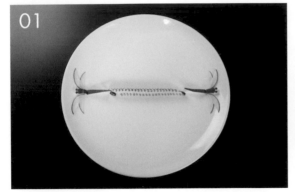

青蜓雙拼盤飾

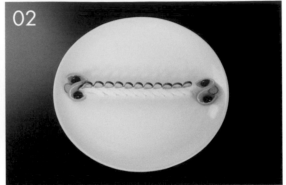

雙拼盤飾 1

雙拼盤飾 2

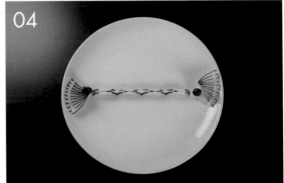

雙拼盤飾 3

雙拼盤飾 4

五拼盤飾 1

五拼盤飾 2

五拼盤飾 3

五拼盤飾 4

五拼盤飾 5

五拼盤飾 6

五拼盤飾 7

平面圍邊介紹

常見的平面圍邊法，大致可分為：相連接排法、交疊排法。

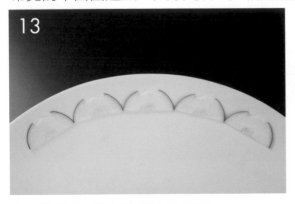
相連接排法：片與片相連並圍圓。

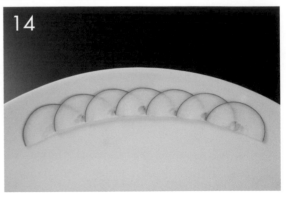
交疊排法：片與片以重疊½排法圍盤。

連接圍邊 1

連接圍邊 2

交疊圍邊 1

交疊圍邊 2

交疊圍邊 3

交疊圍邊 4

交疊圍邊 5

立圓圍邊 1

立圓圍邊 2

立圓圍邊 3

立圓圍邊 4

立圓圍邊 5

立圓圍邊 6

立圓圍邊 7

五拼圍邊 1

五拼圍邊 2

半立體圓邊 1

半立體圓邊 2

半立體圓邊 3

小烏龜盤飾

邊角造型盤飾 1

邊角造型盤飾 2

小螃蟹圍盤

向日葵切雕

▶材料

南瓜 1 顆
牛蒡 1 段
食用蘭花梗 1 支

▶工具

西式切刀
雕刻刀
V 型槽刀
中圓槽刀
剪刀
快乾膠

示意圖

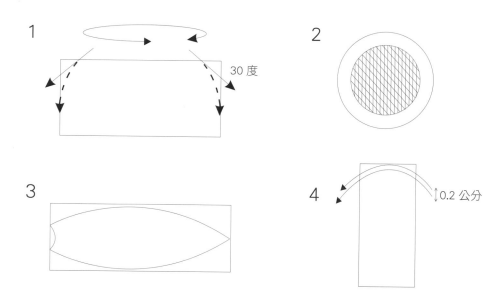

作法

切取塊深綠色表皮的南瓜，
邊長約 4.5 公分的正方形。

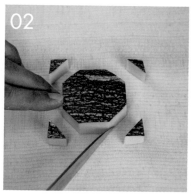

把 4 個邊角以等邊長切除，
變成 8 角形。

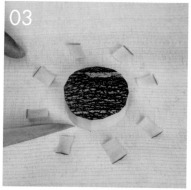

將 8 個角再等邊切除，變成
16 角形。

將 16 個小角再等邊切除。

南瓜塊的形狀逐漸接近圓
形。（以上是四方形演變成
圓形的切法）

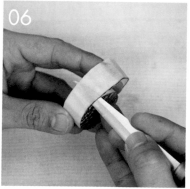

用雕刻刀把南瓜塊的側邊切
修繞 1 圈。

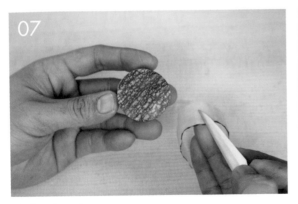

修成正圓形。

用 V 型槽刀在表皮刻出直徑約 2.2 公分的小圓。

對照示意圖 1 用雕刻刀以斜角約 30 度下刀,把外圓表皮切除。

留下中間小圓的表皮。

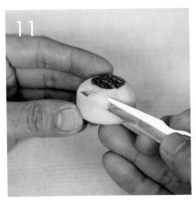

對照示意圖 1 將外側斜角修除,整圈皆向下修順,呈現圓弧形。

對照示意圖 2 用雕刻刀在小圓表皮上刻出菱格紋線條,將表皮刻滿。

在圓弧面上先向左刻出弧形線,並等間距繞圓刻滿。

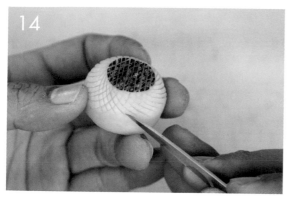

再向右刻出弧形線、並等間距繞圓刻滿，完成花蕊的放射狀交叉線條。

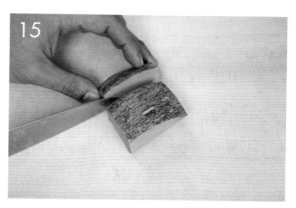

切取 1 塊長 4 公分的南瓜。

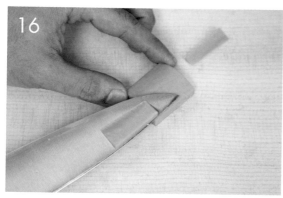

切除表皮並依花瓣的形狀修出弧度。

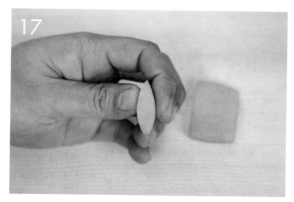

對照示意圖 3 完成花瓣，頭部尖的、底部平的。

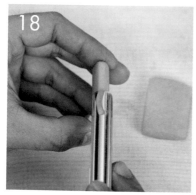

用中圓槽刀在底部平面上刻出凹槽弧度，以方便於黏接貼合。

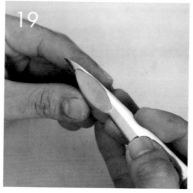

對照示意圖 4 依照線條示意圖的弧度，用雕刻刀修出花瓣的形狀，厚度約 0.2 公分。

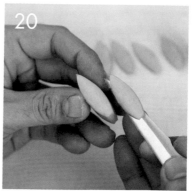

下弧形刀時，要放慢速度，並用鋸的持刀方式，邊推拉、邊轉彎，才能輕鬆的切出花瓣，花瓣總共需切28 ～ 30 片。

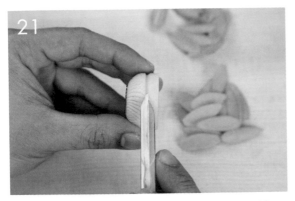

取花蕊，用 V 型槽刀在⅓處刻出一圈凹槽，作為黏接處。

將花瓣以弧度向上、凹槽向下的方向，在底部沾些快乾膠後，用水平角度黏接上去，先將第 1 層貼滿。

第 2 層花瓣以斜上角度 30 度做黏接。在第 1 層每 2 片花瓣的中間處，將第 2 層花瓣也貼滿。

完成花瓣的黏接。

剪一段食用蘭花的梗，長約 12 公分。

在花蕊背面先用圓槽刀刻出一凹槽，再用快乾膠把梗黏上固定，完成向日葵。

製作葉子，用雕刻刀切取南瓜表皮。

刻出葉形。

並刻出葉脈線條。

將刻好的葉子黏接在梗上。

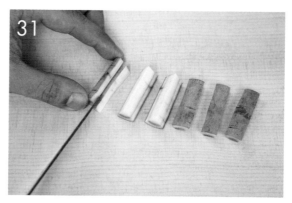

切取一段牛蒡長約 5 公分,再切成 6 片,
並把內角切除。

再切一小段牛蒡,去皮後當
中心柱,把剛切好的牛蒡
片,在底部沾少許快乾膠,
黏接中心柱一圈,黏滿即為
花盆。

在中心柱挖洞,再把向日葵
插上。以作法 31 切下的牛
蒡內角,切細丁,放在花盆
作為土壤。

完成向日葵盆栽。

3
Chapter

中餐丙級
必考水花片

水花（配餐花）常用形狀取材切法示範

常用形狀可分為：半圓形、扇形、梯形、酒桶形、菱形、長方形、刀刃形、正方形。
中餐丙級証照的考試，所使用的刀具必須為中式片刀。

將 1 條紅蘿蔔切取後的形狀分布參考。

將紅蘿蔔的蒂頭切除

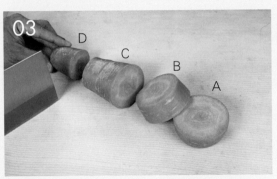

如圖切成 4 大段，由右至左分為 A、B、C、D 段。

取 A 段或 B 段對半切開，就成為 2 個「半圓形」。

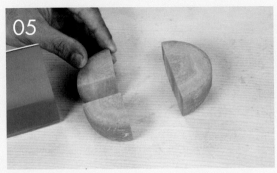

將半圓形再對半切開，就有 2 個「扇形」。

取 A 段的半圓形，在底部切一平刀及兩側邊各切一斜刀，就成為「梯形」。

取 C 段，把 4 個邊切除後，再對半切開，就有 2 個「長方形」。

取 D 段，把 4 個邊切除，每個邊長須等長，就是「正方形」。

取半圓形，在底部切一刀，並以等邊長在側邊再切一刀，就成為「等邊三角形」。

取半圓形，在圓弧處平切一刀，並以相同斜角度在兩側邊平行切出，就成為「菱形」。

取 C 段的長方形，以斜對角方向，用弧形刀切出，即成「刀刃形」。

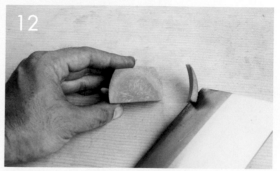

取半圓形，在底部切一平刀，並在兩側邊各切一弧形刀，即成「酒桶形」。

常用水花取材形狀示意圖

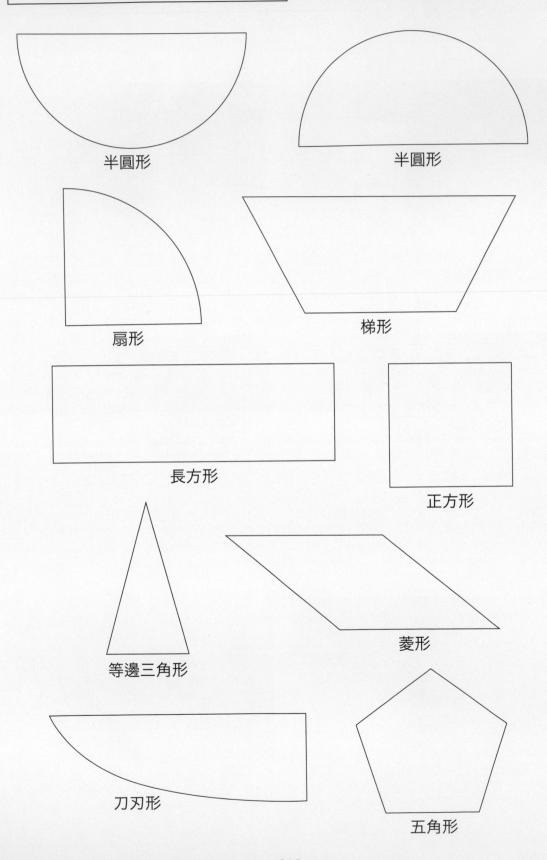

半圓形

半圓形

扇形

梯形

長方形

正方形

等邊三角形

菱形

刀刃形

五角形

105 年新編中餐丙級 15 種必考水花圖形線條示意圖

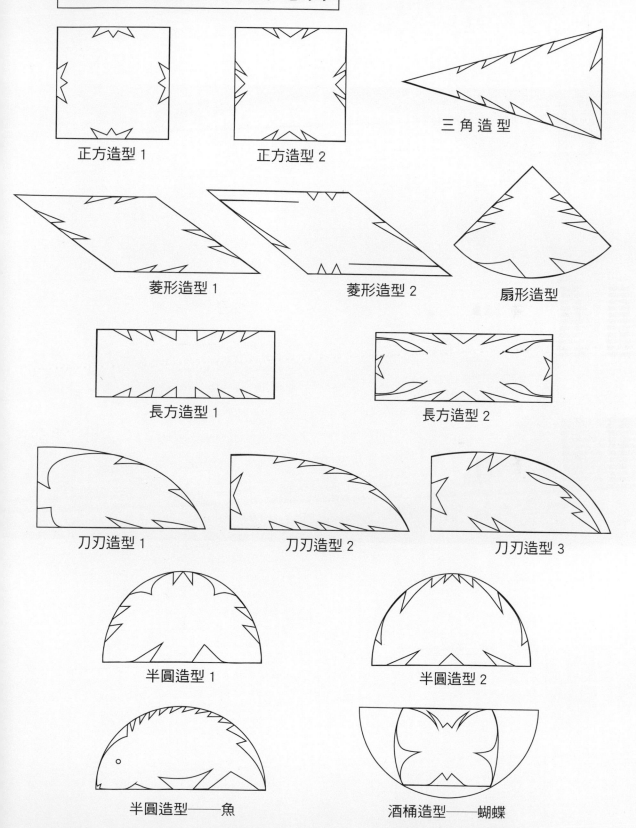

正方造型 1

正方造型 2

三角造型

菱形造型 1

菱形造型 2

扇形造型

長方造型 1

長方造型 2

刀刃造型 1

刀刃造型 2

刀刃造型 3

半圓造型 1

半圓造型 2

半圓造型——魚

酒桶造型——蝴蝶

正方造型 1

▶材料

紅蘿蔔 1 條

▶工具

中式片刀

Tips：中餐丙級水花盤飾需為 6 片。

示意圖

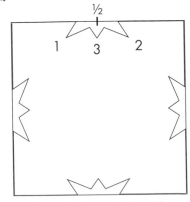

½

1   3   2

完成圖

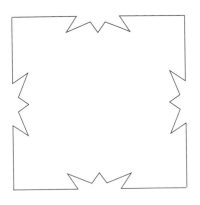

註：½ 為切雕紅蘿蔔的座標位置。

作 法

先將紅蘿蔔用中式片刀切取出正方形，邊長約 3 公分。

對照示意圖 1 處，向右斜切出 V 形線條。

依照示意圖 2 處，向左斜切出 V 形線條。

在 1、2 刀中間切出 V 形，如示意圖 3 處下刀。

依作法 2 ～ 4 的切法，再將其餘 3 面依序刻出。

切成每片 0.3 公分的厚片即可。

正方造型 2

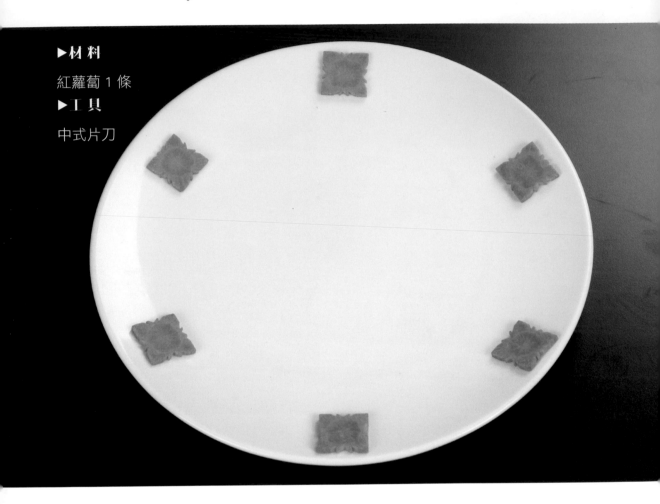

▶材料

紅蘿蔔 1 條

▶工具

中式片刀

Tips：中餐丙級水花盤飾需為 6 片。

示意圖　　　　　　　　　　　　完成圖

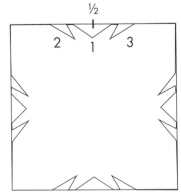
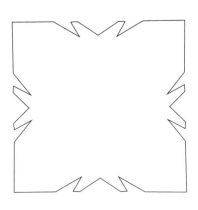

註：½ 為切雕紅蘿蔔的座標位置。

作法

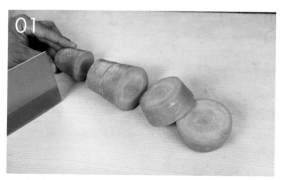

用中式片刀將紅蘿蔔切成 4 大段，取一段
紅蘿蔔（圖中左一）。

先將紅蘿蔔用中式片刀切取出正方形，邊
長約 3 公分。

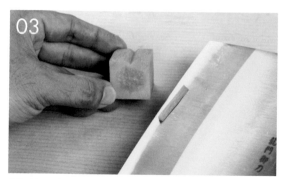

對照示意圖 1 處，在中間位置切出 V 形。

對照示意圖 2、3 處，向左向右斜切出 V 形
線條。

依上述 3 刀切法，將其餘 3 面刻出。

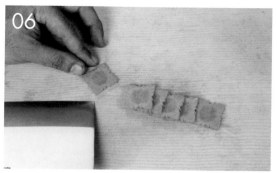

切成每片 0.3 公分的厚片即可。

三角造型

▶材料

紅蘿蔔 1 條

▶工具

中式片刀

Tips： 中餐丙級水花盤飾需為 6 片。

示意圖

1
2
3
4

完成圖

作法

先將紅蘿蔔用中式片刀切取半圓形。

再切出等邊三角形,邊長約 4 ～ 5 公分。

對照示意圖 1 處,在斜面上切出 V 形鋸齒。

對照示意圖位置,把上面的 4 刀 V 形切出,再把示意圖 2 處也對稱切出 V 形線條。

對照示意圖 3、4 處切出底部。

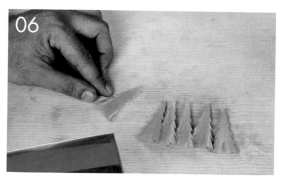

切成每片 0.3 公分的厚片即可。

菱形造型 1

▶材 料

紅蘿蔔 1 條

▶工 具

中式片刀

Tips：中餐丙級水花盤飾需為 6 片。

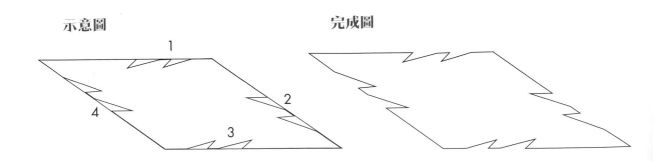

示意圖

完成圖

1

2

3

4

作法

先將紅蘿蔔用中式片刀切取半圓形。

在圓弧處底部切一刀,且平行於另一個面,再以相同斜角度在兩側平行切出,即為「菱形」。

對照示意圖 1 處,在長度約一半處下刀,斜切出 2 刀 V 形鋸齒。

依相同位置及下刀方向,把其他面的 V 形切出。

如示意圖 1、2、3、4 處,四面都切出 V 形鋸齒。

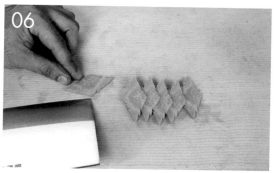

切成每片 0.3 公分的厚片即可。

菱形造型 2

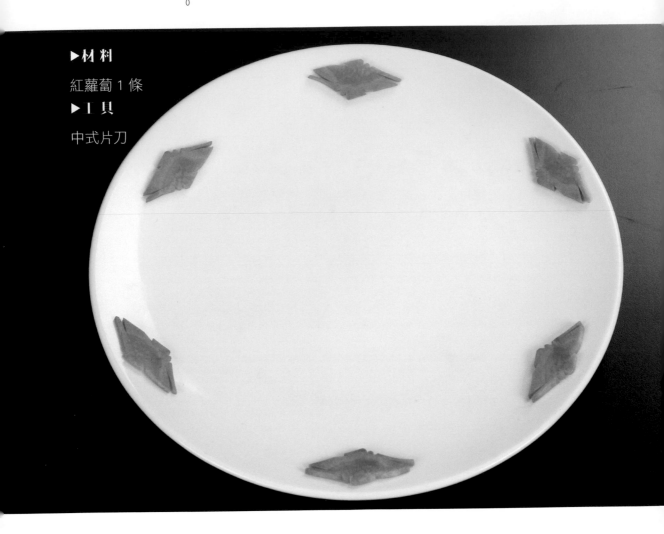

▶材料

紅蘿蔔 1 條

▶工具

中式片刀

Tips：中餐丙級水花盤飾需為 6 片。

示意圖　　　　　　　完成圖

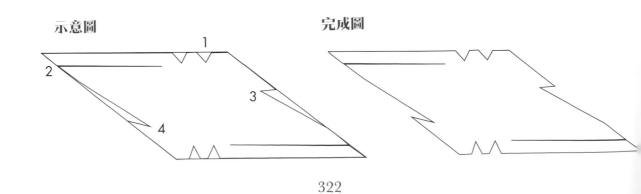

作法

先將紅蘿蔔用中式片刀切取半圓形。

在圓弧處底部切一刀，且平行於另一個面，再以相同斜角度在兩側平行切出，即為「菱形」。

對照示意圖 1 處，並在上面右側切出 2 刀 V 形。

對照示意圖 2 的位置，平切至同示意圖線條位置即停刀。

依相同切法，把下面也刻出，並在左右兩面切出斜 V 角，如同示意圖 3、4 處。

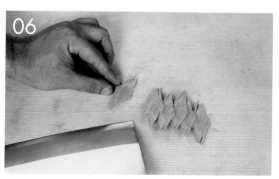

切成每片 0.3 公分的厚片即可。

扇形造型

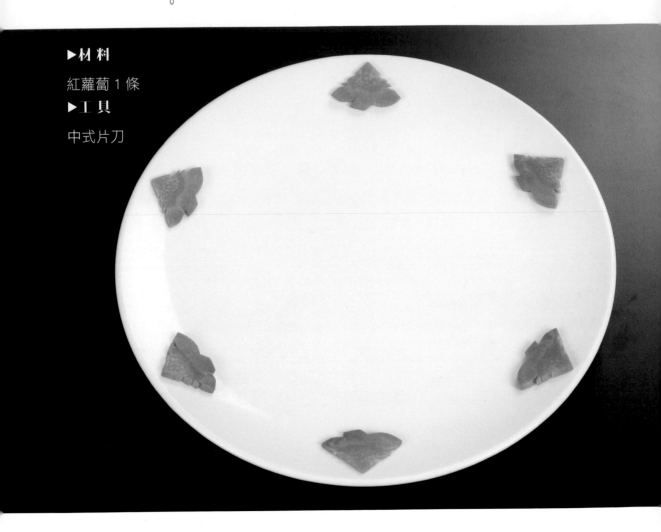

▶材料

紅蘿蔔 1 條

▶工具

中式片刀

Tips：中餐丙級水花盤飾需為 6 片。

示意圖

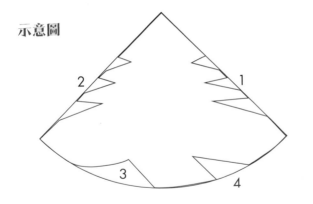

完成圖

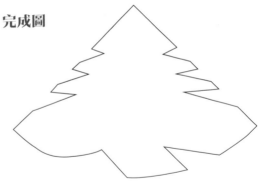

作法

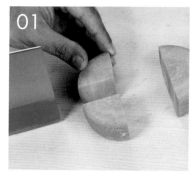

先將紅蘿蔔用中式片刀切取扇形。

再切除表皮。

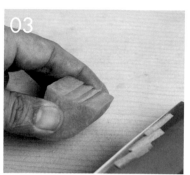

對照示意圖 1 處，並且在右側面切出斜 V 角 3 刀。

對照示意圖 2 處，把左側面也切出 3 刀。

將底部示意圖 3 位置下刀切除。

再依照示意圖 4 刻出斜 V 角。

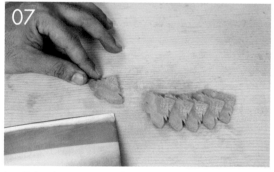

切成每片 0.3 公分的厚片即可。

長方造型 1

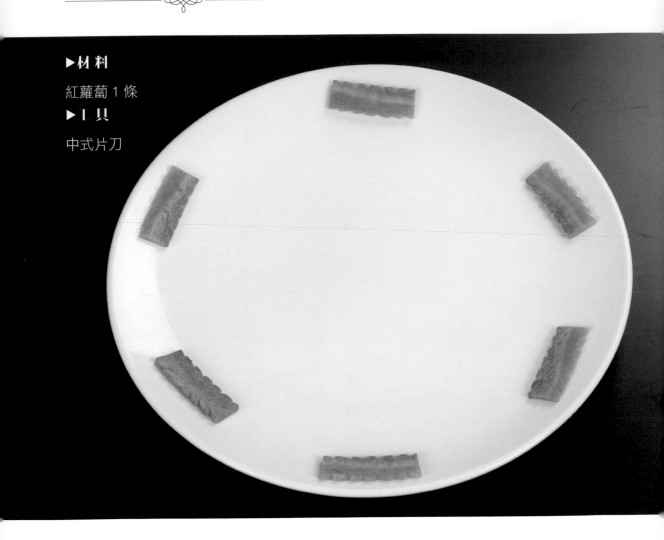

▶**材料**

紅蘿蔔 1 條

▶**工具**

中式片刀

Tips： 中餐丙級水花盤飾需為 6 片。

示意圖

```
 2          1
```

完成圖

```
 3
```

作法

先將紅蘿蔔用中式片刀切取長方形,長 5
公分、高 1.6 公分。

在中心線的右側,對照示意圖 1 處,下刀
切出斜 V 角。

接著把右側 2 刀也切出。

對照示意圖 2 處,將左側 3 刀斜 V 角切出。

依示意圖 3 位置,用相同刀法下刀切除。

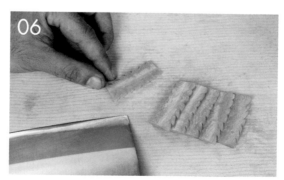

切成每片 0.3 公分的厚片即可。

長方造型 2

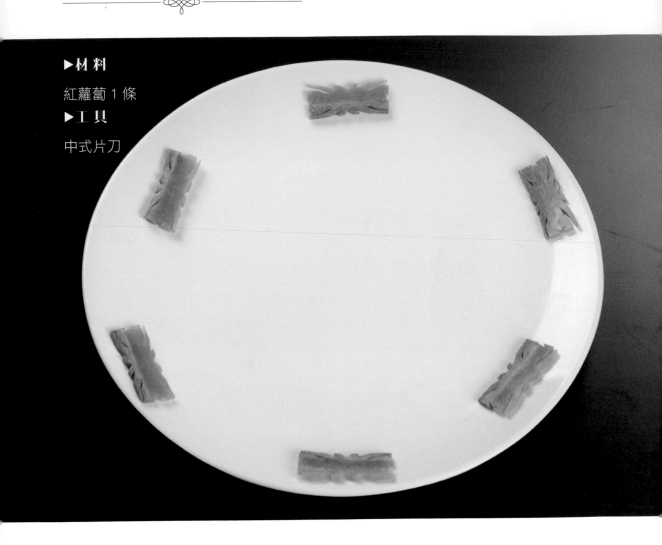

▶材料

紅蘿蔔 1 條

▶工具

中式片刀

Tips：中餐丙級水花盤飾需為 6 片。

示意圖

1　　2
3
4
5

完成圖

作法

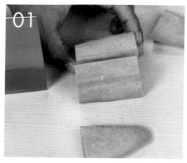

先將紅蘿蔔用中式片刀切取長方形，長約 5 公分、高 2 公分。

在上面中心位置，對照示意圖 1 處，並下刀切出大 V 角。

接著在中心右側，對照示意圖 2 處，下刀切出一個斜 V 角。

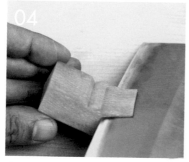

對照示意圖 3 處，依線條平切稍向下壓刀，至第 2 刀下方停住。

由停刀處再往後拉 0.5 公分，對照示意圖 4 再下弧形刀把凹槽切出。

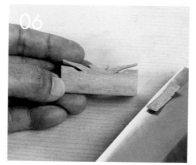

依相同刀法，把左側也切出，完成上排的形狀。

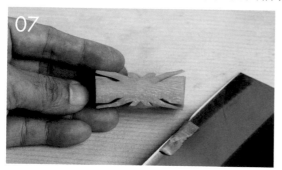

再依上述的相同刀法，將下排刻出。

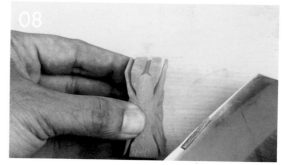

對照示意圖 5 處，把側邊的 VV 形切出。

把另一側也切出 VV 的形。

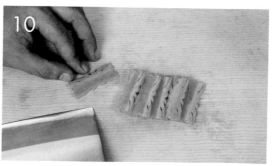

切成每片 0.3 公分的厚片即可。

刀刃造型 1

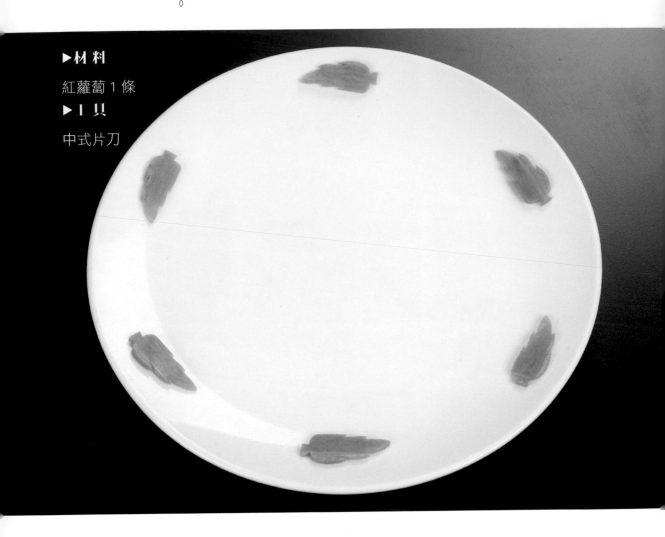

▶ 材料

紅蘿蔔 1 條

▶ 工具

中式片刀

Tips： 中餐丙級水花盤飾需為 6 片。

示意圖

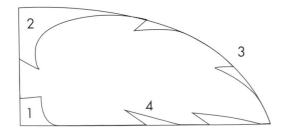

完成圖

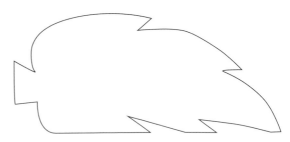

作法

先將紅蘿蔔用中式片刀切取刀刃造型，長度約 5 公分、高 2.3 公分。

對照示意圖 1 處，依照線條弧度切出。

對照示意圖 2 處，依照葉形線條弧度切出。

對照示意圖 3 處，將上面 2 刀鋸齒切出。

對照示意圖 4 處，在下方切出 2 刀鋸齒。

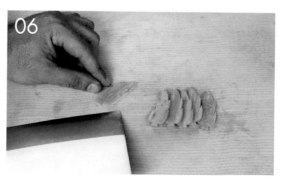

切成每片 0.3 公分的厚片即可。

刀刃造型 2

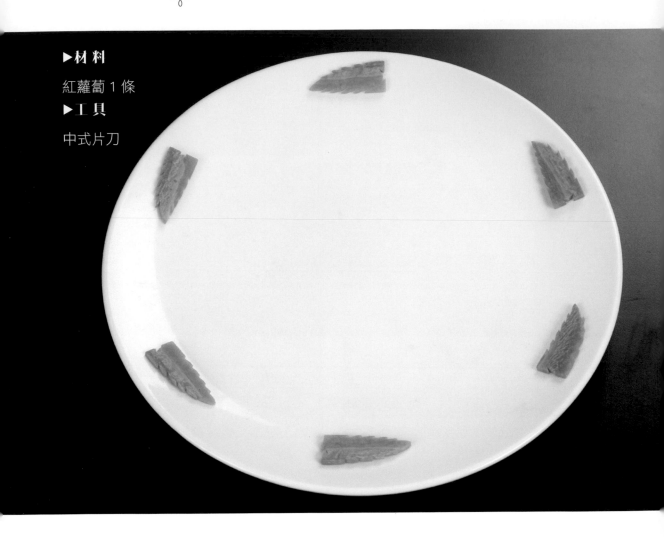

▶材料

紅蘿蔔 1 條

▶工具

中式片刀

Tips：中餐丙級水花盤飾需為 6 片。

示意圖　　　　　　　　　完成圖

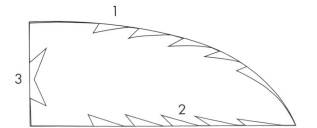

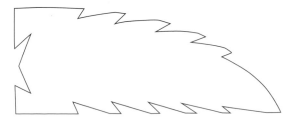

作法

先將紅蘿蔔用中式片刀切取刀刃造型，長度約 5 公分、高 2 公分。

對照示意圖 1 處，先在上面切一斜 V 形刀。

並將上排的 5 個鋸齒 V 形切出。

對照示意圖 2 處，再將下排的 5 個鋸齒 V 形切出。

再對照示意圖 3 處，將斜 VV 形切出。

切成每片 0.3 公分的厚片即可。

刀刃造型 3

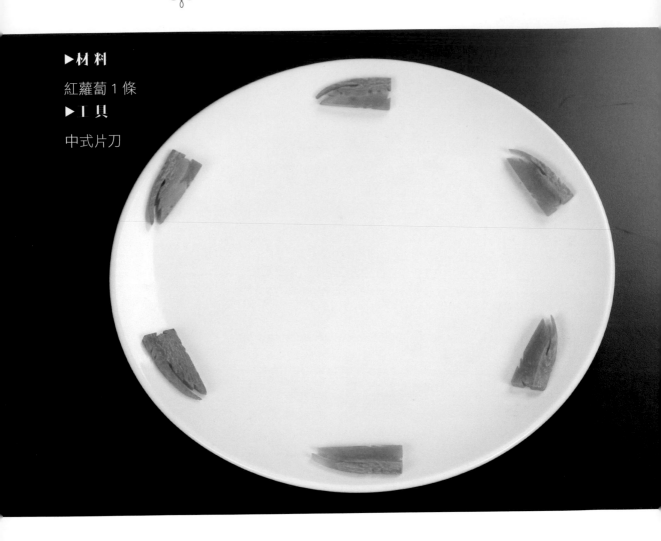

▶材料

紅蘿蔔 1 條

▶工具

中式片刀

Tips：中餐丙級水花盤飾需為 6 片。

示意圖

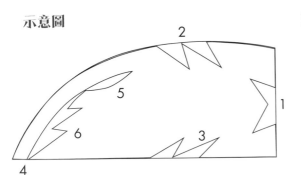

完成圖

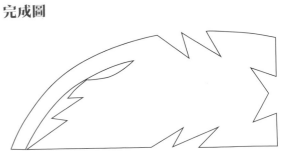

作法

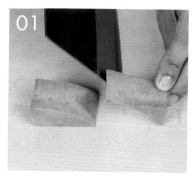

先將紅蘿蔔用中式片刀切取刀刃造型，長度約 5 公分、高 2 公分。

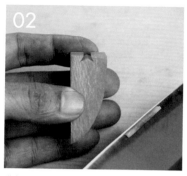

對照示意圖 1 處，依照 VV 線條切出。

對照示意圖 2 處，切出 2 刀鋸齒。

對照示意圖 3 處，再將下排切出 2 刀鋸齒。

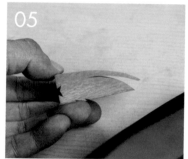

對照示意圖 4 處下刀，順著外弧度切開，切至長度的 ½ 停刀。

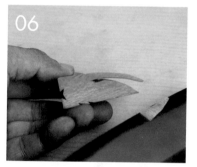

對照示意圖 5 由停刀處再往後拉 0.5 公分，再下弧形刀把凹槽切出。

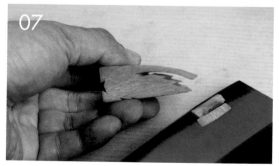

再把示意圖 6 處的鋸齒切出 2 刀。

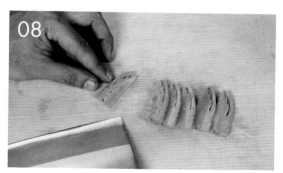

切成每片 0.3 公分的厚片即可。

半圓造型 1

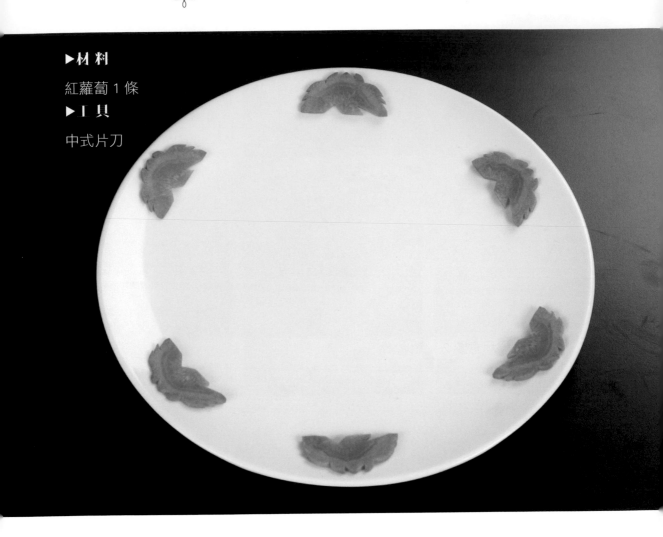

▶**材 料**

紅蘿蔔 1 條

▶**工 具**

中式片刀

Tips： 中餐丙級水花盤飾需為 6 片。

示意圖　　　　　　　　　　　**完成圖**

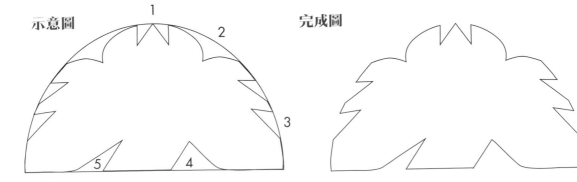

作 法

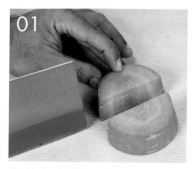

先將紅蘿蔔用中式片刀切取半圓形。

將表皮切除。

對照示意圖 1 處，在圓弧的中心位置，下 2 刀切出 VV 形，讓尖角在中心點。

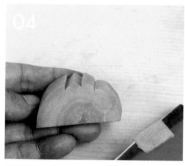

接著在右側，對照示意圖 2 處的線條，下刀切出弧形刀。

對照示意圖 3 處，切出 2 刀斜 V 形角。

依上述刀法，把左側形狀也刻出。

對照示意圖 4 處的位置，在下面切出一大 V 形角。

接著對照示意圖 5 處的斜角也切出。

半圓造型各面切好後如圖。

切成每片 0.3 公分的厚片即可。

半圓造型 2

▶材料

紅蘿蔔 1 條

▶工具

中式片刀

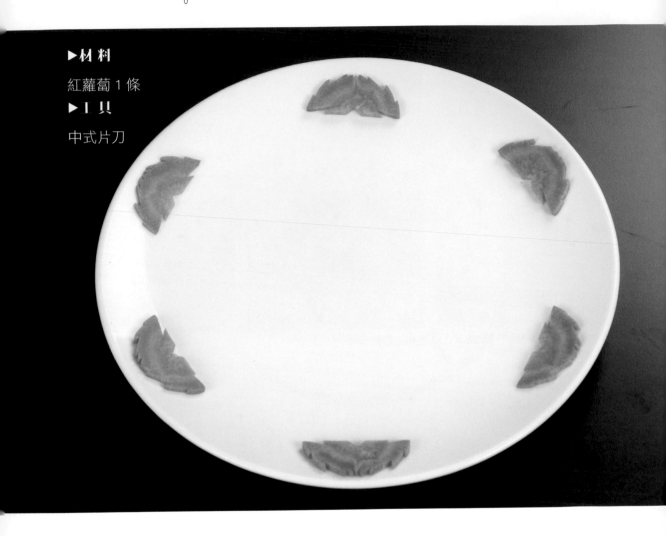

Tips：中餐丙級水花盤飾需為 6 片。

示意圖

完成圖

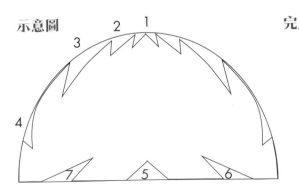

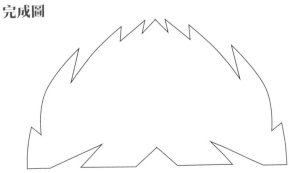

作法

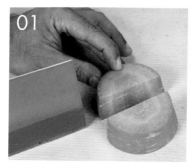

先將紅蘿蔔用中式片刀切取半圓形。

將表皮切除。

對照示意圖 1 處，在上面中心位置，下刀切出小 VV 形 2 刀，讓尖角在中心點。

接著在左側，依示意圖 2、3、4 處位置，下刀切出 3 處 V 形尖角。

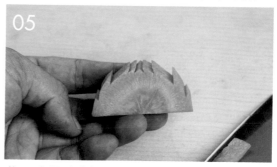

依示意圖右側，再切出 3 刀斜 V 形尖角。

將底部反轉，對照示意圖 5 處，在中心處切出大 V 形角。

對照示意圖 6、7 處，將兩旁斜 V 形角也切出來。

半圓造型各面切好後如圖。

切成每片 0.3 公分的厚片即可。

半圓造型 3 —— 魚

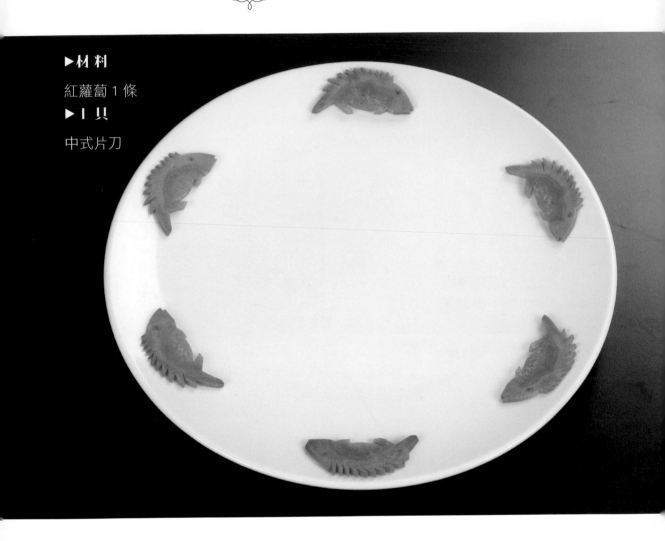

▶材料

紅蘿蔔 1 條

▶工具

中式片刀

Tips：中餐丙級水花盤飾需為 6 片。

示意圖
完成圖

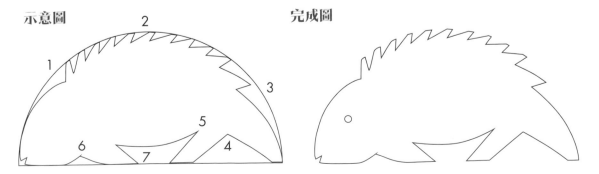

作法

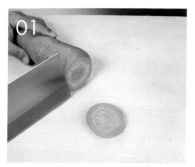

取一條紅蘿蔔，用中式片
刀將頂端切除。

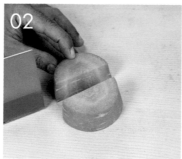

再切取出半圓形。

將表皮切除。

對照示意圖1處，下刀把
頭部與背鰭部切分開。

在第1刀旁邊開始切Ｖ形
尖角，如示意圖2處位置。

依序切出上排Ｖ形斜角當
作背鰭。對照示意圖3處，
切出背、尾部的分界點。

將底部反轉，對照示意圖4
處，切出大Ｖ形角，把魚
尾分開。

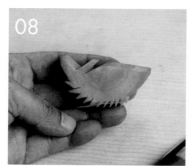

對照示意圖5處，把魚尾
跟魚肚切開。

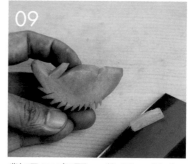

對照示意圖6位置，將魚
下巴的段落切出。

對照示意圖7位置，把側
鰭和魚肚下刀切出。

把魚嘴巴切開。

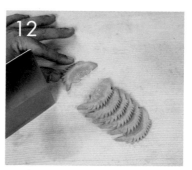

切成每片0.3公分的厚片，
對照示意圖位置，以牙籤
刺出眼睛即可。

酒桶造型——蝴蝶

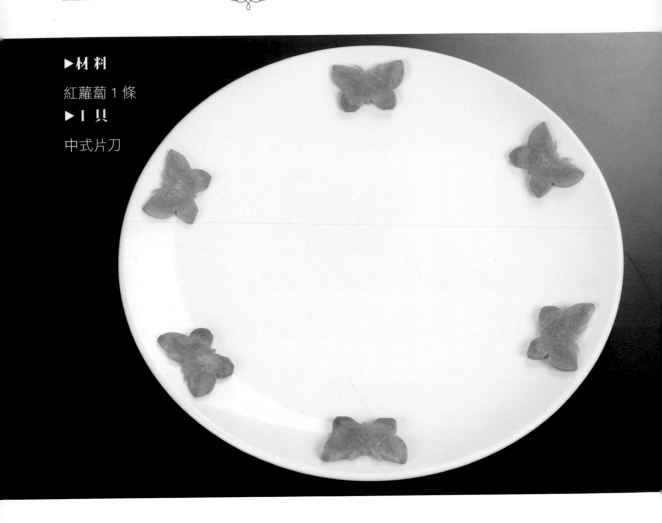

▶材料

紅蘿蔔 1 條

▶工具

中式片刀

Tips：中餐丙級水花盤飾需為 6 片。

示意圖

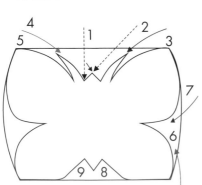

上方切法可改用 2 個大 V 形角交叉切出，如同 8、9 刀切法

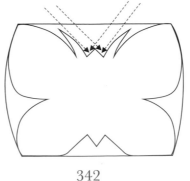

完成圖

作法

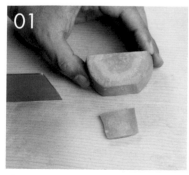

先將紅蘿蔔用中式片刀切取半圓形，直徑約 4～5 公分，在圓弧底部切 1 刀。

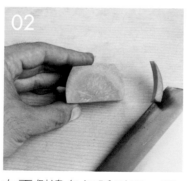

在兩側邊各切弧形刀，即成「酒桶形」。

對照示意圖 1 處，下刀把藍色虛線切除。

對照示意圖 2 的紅色線條，下刀切除多餘的紅蘿蔔，把中間的小尖角及右側觸角的弧度切出。

對照示意圖 3 處，把觸角與上翅膀的形狀刻出，完成右上側的線條。

對照示意圖 4 處的弧度下刀切出。

對照示意圖 5 處，接著把左側觸角與上翅膀的形狀刻出，完成上面蝴蝶的線條。

對照示意圖 6 處，將下翅膀的弧度切出。

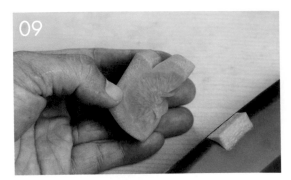

對照示意圖 7 處的線條，把上翅膀的下線條切出。

如示意圖第 6、7 刀切法，把對面翅膀也切出。

將其反轉，對照示意圖 8 處，切出一個大 V 形角。

在第 8 刀旁邊再切出一個大 V 形角，如示意圖 9，這樣中間會留出一小角。

切成每片 0.3 公分的厚片即可。

好書推薦

香港菜：經典、懷舊、美味
最具代表性的人氣好滋味
陳紀臨、方曉嵐 著 / 定價 420 元

精選在地人最愛的經典料理，吃出最道地的香港味。只有過年才吃得到的筍蝦燜豬肉，昔日在避風塘小艇上大快朵頤的避風塘炒蟹，宴請英國菲利普親王的名菜金華玉樹雞，有港式中西 fusion 菜始祖之稱的中式牛柳，當年越南難民帶至香港的香茅豬扒，每一道滋味無窮的好菜，都有令人回味的精彩故事！

蔡辰男的美味人生：
細說海峽會經典聚珍
蔡辰男 著 / 定價 600 元

一手打造台北來來和高雄漢來飯店的企業家蔡辰男，天生就對美食充滿熱情。從自己愛吃的菜、媽媽的好味道，到靈光乍現發明的創意菜餚，乃至於吃火鍋或一般餐廳不甚重視的小菜、員工餐，寫出自己對吃食的認真態度，並大方公開他的秘密私房食譜。

李梅仙家常宴客菜
李梅仙 著 / 定價 350 元

跟著名師的私房小撇步做菜，就連青菜豆腐也能成好料。作者李梅仙有多年烹飪教學經驗，傾囊相授百餘道家常宴客菜。從食材挑選到下鍋烹調，鉅細靡遺，清楚易學，讓你輕鬆做出道道好菜。

培梅家常菜（書＋DVD）
傅培梅、程安琪 著 / 定價 450 元

一本台灣最暢銷的食譜書。由國寶級烹飪大師傅培梅老師示範解說，從選購食材到火候刀工，最食用的烹調法則一次學會，是家家必備的廚房寶典，中英對照，人人可學。

蔬果雕刻刀具專賣

龍門 7 吋片刀 $1500 元

泰國水果雕刻刀 $1200 元

龍門刀袋 $350 元

龍門切刀 (21 公分)$1500 元

龍門雕刻刀 $850 元

專業豪華版雕刻刀組 $3980 元

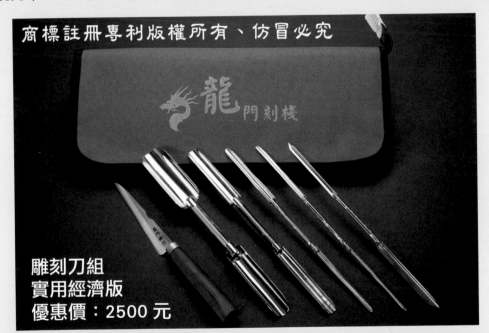

商標註冊專利版權所有、仿冒必究

雕刻刀組
實用經濟版
優惠價：2500 元

訂購須知：

1 請先來電確認有無現貨，訂購電話：0932-242-457。
2 運費說明~須自付宅配運費 120 元。
3 付款帳號：玉山銀行 (東台南分行) 帳號：0761-968-124498
　戶名：楊順龍，或由 ATM 轉帳：銀行代碼 808(玉山銀行)
　帳號：0761-968-124498。
4 完成匯款後，請來電告之匯款金額及匯款帳號末 5 碼，還有
　收件人的地址、姓名、電話。
5 確認匯款後，才會出貨，沒有貨到付款服務，謝謝您。
6 更多刀具種類資訊可至 https://www.facebook.com/carving1 粉絲頁選購。

感謝您購買《蔬果雕初級大全：附新編中餐丙級必考水花片》一書，為回饋您對本書的支持與愛護，只要您填妥此回函，並於2015年11月30日前寄回本社（以郵戳為憑），即有機會抽中「雕刻刀組——實用經濟版」乙組。本活動將於2015年12月3日抽出幸運得主乙名。

1 1.您從何處購得本書？
□博客來網路書店 □金石堂網路書店 □誠品網路書店 □其他網路書店
□實體書店_____

2 2.您從何處得知本書？
□廣播媒體 □臉書 □朋友推薦 □博客來網路書店 □金石堂網路書店
□誠品網路書店 □其他網路書店_____ □實體書店_____

3 3.您購買本書的因素有哪些？（可複選）
□作者 □內容 □圖片 □版面編排 □其他_____

4 4.您覺得本書的封面設計如何？
□非常滿意 □滿意 □普通 □很差 □其他_____

5 5.非常感謝您購買此書，您還對哪些主題有興趣？（可複選）
□中西食譜 □點心烘焙 □飲品類 □瘦身美容 □手作DIY
□養生保健 □兩性關係 □心靈療癒 □小說 □其他_____

6 6.您最常選擇購書的通路是以下哪一個？
□誠品實體書店 □金石堂實體書店 □博客來網路書店 □誠品網路書店
□金石堂網路書店 □PC HOME網路書店 □Costco
□其他網路書店_____ □其他實體書店_____

7 7.若本書出版形式為電子書，您的購買意願？
□會購買 □不一定會購買 □視價格考慮是否購買 □不會購買
□其他_____

8 8.您是否有閱讀電子書的習慣？
□有，已習慣看電子書 □偶爾會看 □沒有，不習慣看電子書
□其他_____

9 9.您認為本書尚需改進之處？以及對我們的意見？
_____

10 10.日後若有優惠訊息，您希望我們以何種方式通知您？
□電話 □E-mail □簡訊 □書面宣傳寄送至貴府 □其他_____

感謝您的填寫，您的建議是我們進步的動力！

姓名_____ 出生年月日 _____

電話_____ E-mail_____

通訊地址_____

（請務必填寫正確資訊，以利獲獎時通知聯繫）